# SolidWorks 建模实例教程

主编 尧燕
参编 陈绚
主审 江方记

重庆大学出版社

## 内容简介

本书以 SolidWorks 2016 版本为基础,结合经典实例对 SolidWorks 2016 的各个功能进行了全面系统的讲解,具体包括:二维草图的绘制及其实例,各种基础特征建模方法的使用和实例,综合使用各种方法创建零件模型的技巧,装配体的创建和使用,工程图的创建和使用等模块。各模块以工程实例为基础,穿插介绍 SolidWorks 的各种应用,如高级渲染技术、动画与运动仿真技术、有限元分析技术以及 Toolbox 标准件使用技术等。

本书内容详细,讲解深入浅出,图文并茂,各个章节间既相互独立,又用经典案例前后呼应,彼此关联,浑然一体。特别是在实例后面,每节都配备了足够的练习题,可供读者巩固和深入学习之用。

本书案例丰富,可操作性强,既可以作为大专院校相关专业的教材,又可以作为 SolidWorks 的初、中级用户的培训教材。对于使用 SolidWorks 的工程技术人员,本书也是一本较为合适的参考书。

**图书在版编目(CIP)数据**

SolidWorks 建模实例教程/尧燕主编.—重庆:
重庆大学出版社,2016.8(2023.7 重印)
ISBN 978-7-5689-0094-2

Ⅰ.①S… Ⅱ.①尧… Ⅲ.①机械设计—计算机辅助设计—图形软件—高等职业教育—教材 Ⅳ.①TH122

中国版本图书馆 CIP 数据核字(2016)第 201376 号

**SolidWorks 建模实例教程**
主编 尧 燕
参编 陈 绚
主审 江方记
策划编辑 鲁 黎

责任编辑:文 鹏 版式设计:鲁 黎
责任校对:关德强 责任印制:张 策

\*

重庆大学出版社出版发行
出版人:饶帮华
社址:重庆市沙坪坝区大学城西路 21 号
邮编:401331
电话:(023) 88617190 88617185(中小学)
传真:(023) 88617186 88617166
网址:http://www.cqup.com.cn
邮箱:fxk@ cqup.com.cn(营销中心)
全国新华书店经销
POD:重庆新生代彩印技术有限公司

\*

开本:787mm×1092mm 1/16 印张:13 字数:308 千
2016 年 8 月第 1 版 2023 年 7 月第 7 次印刷
印数:7 001—7 600
ISBN 978-7-5689-0094-2 定价:35.00 元

# 前言

SolidWorks 软件是美国 SolidWorks 公司基于 Windows 操作系统开发的一款优秀的三维 CAD 软件。它功能强大，具有丰富的实体建模功能，易学易用，使用方便。

本书以经典实例为基础，深入浅出地介绍了 SolidWorks 2016 的草图绘制功能、基础建模功能、装配体装配和使用功能、工程图生成和编辑功能。在介绍基本功能的过程中，恰当地穿插讲解了高级渲染技术、动画与运动仿真技术、有限元分析技术以及 Toolbox 标准件使用技术等高级使用技巧，做到基础功底与高级使用技巧同步训练。

本书共有 6 章，主要内容如下：

第 1 章介绍了 SolidWorks 2016 软件的界面、文件操作及零件设计的基本步骤。

第 2 章以实例介绍了二维草图的绘制与编辑方法和技巧。

第 3 章以实例讲解了各种基本建模命令的使用方法，同时配备相应的练习题，以备读者自行练习。

第 4 章以经典案例为基础，综合介绍各种零件的特征建模方法和技巧，同时配备了大量的练习题，以备读者自行练习。

第 5 章介绍了 SolidWorks 的装配技术，同时穿插讲解了动画与 Motion 运动仿真技术。

第 6 章详细介绍了工程图的生成方法和编辑技巧。

本书由尧燕担任主编，并编写第 1～5 章，陈绚编写第 6 章。江方记对全书进行审定。本书在编写的过程中，参考了大量的相关资料，得到了很多老师的帮助和支持，在此表示衷心感谢。

由于编者水平有限，本书难免会存在一些不足之处，恳请读者批评指正。

编　者
2016 年 6 月

# 目 录

3

# 第1章
# SolidWorks 2016 概述

## 1.1　SolidWorks 2016 简介

### 1.1.1　SolidWorks 软件的特点

SolidWorks 软件是美国 SolidWorks 公司基于 Windows 操作系统开发的一款优秀的三维 CAD 软件,它功能强大,具有丰富的实体建模功能,易学易用,使用方便。

SolidWorks 公司是专业从事三维机械设计、工程分析和产品数据管理软件开发和营销的跨国公司,其软件产品 SolidWorks 自 1995 年问世以来,以其优异的性能、易用性和创新性,极大地提高了机械设计工程师的设计效率,在与同类软件的激烈竞争中已经确立了其市场地位,成为三维机械设计软件的标杆之一。

SolidWorks 可提供从现有二维数据建立三维模型的强大转换工具。SolidWorks 能够直接读取 dwg 格式的文件,在人工干预下,将 AutoCAD 的图形转换成 SolidWorks 三维实体模型。另一方面,SolidWorks 软件对于熟悉 Windows 的用户特别易懂易用。只要符合 Windows 标准的应用软件,都可以集成到 SolidWorks 软件中,从而为用户提供一体化的解决方案。

### 1.1.2　SolidWorks 2016 的新功能

最新版的 SolidWorks 2016 经过重新设计,其功能相对于前面的版本有如下更新或者改进:

①2016 版本的程序界面与云程序界面保持一致,云程序的一些功能被移植到本地程序上,甚至连工具图标和坐标轴都开始统一,其目的是保持用户的操作习惯。

②2016 版增加了 3D 打印预览和设置模型的打印比例,进一步支持 3D 打印,用户可以轻易地打印美观的 3D 文件。

③2016 版 Worksgroup PDM 不再支持,而是用 SolidWorks PDM 标准版取代工作组 PDM,方便管理。

④2016 版加强了 SolidWorks 官方社区与 SolidWorks 程序的联系。该版本提升了 3D ContentCentral功能,该功能已针对用户和供应商社区进行重新设计。

## 1.2　SolidWorks 2016 界面简介

SolidWorks 2016 的操作界面是进行文件操作的基础,如图 1.1 所示。界面包括了菜单栏、常用工具栏、命令管理器、管理器窗口、前导视图工具栏、绘图建模工作区、任务窗口及状态栏,下面分别进行介绍。

图 1.1　SolidWorks 2016 界面

### 1.2.1　菜单栏

菜单栏位于软件界面的最上方,默认为动态的菜单,不同的操作状态会出现不同的菜单命令,最右边有一个图钉样的按钮 ➤|,单击变为 ✈,可以使菜单栏固定,如图 1.2 所示。

文件(F)　编辑(E)　视图(V)　插入(I)　工具(T)　窗口(W)　帮助(H)　✈

图 1.2　菜单栏

### 1.2.2　常用工具栏

常用工具栏位于菜单栏右边,包括新建、打开和保存等文件操作常用按钮,如图 1.3 所示。

图 1.3　常用工具栏

### 1.2.3　命令管理器

命令管理器如图 1.4 所示,集合了"特征""草图""评估""DimXpert""SOLIDWORKS 插件"和"SOLIDWORKS MBD"等命令选项卡。同样,这些选项卡也是动态变化的,不同的功能界面会有不同的选项卡。

图 1.4　命令管理器

### 1.2.4　管理器窗口

管理器窗口位于主界面的左边,包括特征管理器设计树、属性管理器、配置管理器、公差管理器和外观管理器 5 个选项卡,分别管理不同的内容。其界面如图 1.5 至图 1.9 所示。

图 1.5　特征管理器设计树　　　　图 1.6　属性管理器

图 1.7　配置管理器　　　　图 1.8　公差管理器

图 1.9　外观管理器

### 1.2.5　前导视图工具栏

前导视图工具栏提供了快捷的视图操作方法,如放大视图、定位特定方向的视图等操作按钮,如图 1.10 所示。

图 1.10　前导视图工具栏

### 1.2.6　绘图建模工作区

绘图建模工作区位于界面中间,占据大部分窗口,所有建模等操作都在该区域完成。

### 1.2.7　任务窗口

任务窗口位于右边,提供 SolidWorks 资源、设计库、文件搜索器、查看调色板以及外观布景等多个面板,如图 1.11 所示。

图 1.11　任务窗口

### 1.2.8　状态栏

状态栏在软件界面的右下方,可以提供操作的建议、错误提示等内容,如图 1.12 所示。

134.75mm　　48.29mm　　0mm 完全定义 ‖‖‖　　自定义 ▲

图 1.12　状态栏

## 1.3　常用文件操作

文件操作是 SolidWorks 中最基础的操作,也是最重要的操作,包括新建、打开、保存等。

### 1.3.1　新建文件

进入 SolidWorks 2016 后,选择菜单"文件"→"新建"命令,弹出"新建 SOLIDWORKS 文件"对话框,如图 1.13 所示。可以新建三种文件,分别是"零件""装配体"和"工程图"。零件为单个设计的 3D 展示,装配体为多个零件或者简单装配体的组合,工程图即为零件的 2D 图纸。用户根据自己的需要选择相应的图标再单击"确认"就可进入相应的操作界面。

图 1.13　"新建文件"对话框

### 1.3.2　打开文件

进入 SolidWorks 2016 后,选择菜单"文件"→"打开"命令,弹出"打开"对话框,如图 1.14 所示。从图中可以看出,SolidWorks 2016 可以打开多种格式的文件,如 DWG、IGES 及 STL 等格式的文件。

图 1.14 "打开文件"对话框

### 1.3.3 保存文件

进入 SolidWorks 2016 主界面后,选择菜单"文件"→"保存"命令,弹出"保存"对话框,如图 1.15 所示。从图中同样可以看出,SolidWorks 2016 可以保存成多种格式的文件,如 DWG、IGES 及 STL 等格式。

图 1.15　"保存文件"对话框

# 第 **2** 章
# 草图绘制及实例

在 SolidWorks 的特征建模中,大部分特征都是从二维的草图开始绘制的。草图在特征建模中有着重要的作用,例如,拉伸中的拉伸面和旋转特征中的旋转轮廓面。图 2.1 显示了不同特征中的不同草图。

图 2.1　特征草图

图 2.2 显示了相同"五角星"草图通过不同实体建模的方法得到不同的特征。

图 2.2　相同草图形成不同特征

本章着重介绍二维草图的设置、绘制命令、捕捉工具、几何关系等相关知识。通过对点、线、圆弧等基本图线的绘制和编辑,并添加几何关系约束和尺寸约束表达设计意图,帮助用户快速地建立三维模型,从而提高工程设计的效率。

## 2.1　草图绘制环境的设置

在 SolidWorks 中,用户可以根据自己的操作习惯,通过配置软件的一些参数来提高工作效率。

### 2.1.1　草图绘制环境的基本设置

SolidWorks 提供了许多草图绘制的辅助工具,可以帮助用户加快绘制草图的速度。在绘图之前,用户可以对整个绘图环境进行自定义,根据自己的习惯和绘图的需要进行设置。

要设置这些变量,用户可以选择菜单"工具"→"选项"命令,在弹出的"系统选项"对话框中选中"草图"项,此时对话框右侧出现"草图"选项表,如图 2.3 所示。

图 2.3　"草图"选项表

9

　　用户在"草图"选项表中可以根据自己的需要进行设置,也可以单击对话框左下角"重设"按钮恢复到初始状态。

　　此选项表中各项含义如下:

　　①使用完全定义草图:草图在用来生成特征之前应完全定义。

　　②在零件/装配体草图中显示圆弧中心点:在草图中显示圆弧圆心点。

　　③在零件/装配体草图中显示实体点:显示草图实体的端点为实圆点。该圆点的颜色反映草图实体的状态:

　　黑色 = 完全定义

　　蓝色 = 欠定义

　　红色 = 过定义

　　绿色 = 所选的

　　④提示封闭草图:如果生成一个具有开环轮廓的草图,然后选择"拉伸凸台/基体"命令来生成一凸台特征,会显示带"封闭草图至模型边线?"问题的对话框。或者使用模型的边线来封闭草图轮廓,并选择封闭草图的方向。

　　⑤打开新零件时直接打开草图:以"前视基准面"上的激活草图打开一新零件。

　　⑥尺寸随拖动/移动修改:移动草图实体时覆写尺寸。拖动完成后,尺寸会更新。

　　⑦显示虚拟交点:在两个草图实体的虚拟交点处生成一草图点。即使实际交点已不存在(例如被绘制的圆角或绘制的倒角所移除的边角),但虚拟交点处的尺寸和几何关系将被保留。

　　⑧以 3D 在虚拟交点之间所测量的直线长度:从虚拟交点测量直线长度,而不是从 3D 草图中的端点。

　　⑨激活样条曲线相切和曲率控标:为相切和曲率显示样条曲线控标。

　　⑩默认显示样条曲线控制多边形:显示控制多边形以操纵样条曲线的形状。

　　⑪拖动时的幻影图像:在拖动草图时显示草图实体原有位置的幻影图像。

　　⑫显示曲率梳形图边界曲线:显示或隐藏随曲率检查梳形图所用的边界曲线。

　　⑬提示设定从动状态:当添加一过定义尺寸到草图时,会显示带有"将尺寸设为从动?"问题的对话框。

　　⑭默认为从动:当添加一过定义尺寸到草图时,默认设定尺寸为从动。

### 2.1.2　捕捉设置

　　为了提高草图的绘制效率,SolidWorks 提供了自动判定绘图位置的功能。在绘图时,光标会在绘图区域内自动寻找端点、圆心、中点等特殊的点,提高鼠标定位的准确性。

　　在"系统选项"对话框中选择"几何关系/捕捉"项目,对话框右侧出现相应的选项,如图2.4 所示。用户可以根据绘图需要选择必要的捕捉方式。

图 2.4　"几何关系/捕捉"选项表

## 2.2　草图绘制编辑工具

　　SolidWorks 提供了"草图"命令管理器,如图 2.5 所示,满足用户的草图绘制和修改的功能(图标右下角有小三角形,说明该图标下面有其他同类型的命令)。优秀的草图不但能反映设计者的设计意图,而且具有很好的可修改性,是实体建模的基础,因此草图绘制很重要。

图 2.5　"草图"命令管理器

　　SolidWorks 也提供了"草图"工具条,如图 2.6 所示。要打开该工具条,需要在其他工具条上单击鼠标右键,从弹出的工具条选项中选择草图工具条,然后可以把浮动的草图工具条放到自己习惯的地方。

图 2.6  "草图"工具条

### 2.2.1  草图绘制命令

表 2.1 列出了 SolidWorks 在草图工具栏提供的基本草图绘制工具及其功能说明。图标右边有黑色小三角说明下面有嵌套命令。

表 2.1  草图绘制工具

| 工具按钮 | 草图实体 | 功能说明 |
|---|---|---|
| / · | 直线 | 以起点、终点的方式绘制直线 |
| □ · | 矩形 | 以对角线的起点和终点绘制矩形 |
| ▣ · | 直口槽 | 以给定槽的中心距和槽的半径绘制槽 |
| ⊙ · | 圆 | 以给定圆心和半径绘制圆形 |
| ꙮ · | 圆弧 | 以给定圆心和半径及起始角绘制圆弧 |
| N · | 样条曲线 | 绘制自由的样条曲线 |
| ⊘ · | 椭圆 | 以给定圆心和长短半轴绘制椭圆 |
| ⌐ · | 绘制圆角 | 以给定半径绘制圆角 |
| ⊙ | 多边形 | 以给定中心点、边数及相切圆的半径绘制多边形 |
| ▫ | 点 | 绘制一个点 |
| 🄰 | 文字 | 书写文字 |

### 2.2.2  草图编辑命令

表 2.2 列出了 SolidWorks 在草图工具栏提供的基本草图编辑工具及其功能说明。

表 2.2  草图编辑工具

| 工具按钮 | 编辑命令 | 功能说明 |
|---|---|---|
| 🞨 · | 裁剪实体 | 裁剪或者延伸一草图实体与另一实体重合 |
| ⬡ · | 转换实体引用 | 将模型上选中的边线转换成草图 |
| ⊏ | 等距实体 | 通过指定距离偏移实体对象 |
| ⵊⵊ | 镜像实体 | 通过镜像中心线镜像实体 |
| ⠿ · | 阵列实体 | 通过矩形或者圆周方法阵列实体 |
| ꝗ · | 移动实体 | 移动或复制或旋转或缩放一个实体 |

### 2.2.3　草图尺寸的标注和修改

要标注一个草图的尺寸,只需要单击"智能尺寸"按钮
,选择要标注的图元,系统会自动识别图元的特点。比
如圆,系统会自动在数字前加注 $\phi$ ;如果只是线性尺寸,就
只标注尺寸数字。如果要修改尺寸数字,只要双击尺寸上
的数字,从弹出的"修改"窗口(如图2.7所示)修改相应的
尺寸数据即可。

图2.7　"修改"窗口

### 2.2.4　几何约束的创建与修改

几何约束是草图的重要组成部分。一般绘制草图的时候,系统会智能联想设计师的设计
意图,自动添加相关约束。如果系统自动添加的约束不能满足设计要求,设计师可以自行选中
相关的草图图元,添加需要的约束。根据所选中的图元不同,系统会显示不同的可能约束。图
2.8(a)是选中了两根直线段后显示的可能约束,图(b)是选中了两个圆后显示的可能约束,图
(c)是选中了一根直线段和一个圆后显示的可能约束。要删除一个约束,只要用鼠标右键选
中该约束,再选择"删除"就可以了。

（a）直线与直线　　　（b）圆与圆　　　（c）直线与圆

图2.8　各种可能的约束

## 2.3　草图绘制

### 2.3.1　草图绘制的一般步骤

绘制一个草图,首先要新建一个文件。下面以绘制用于建立"拉伸"特征用的草图为例,
介绍草图绘制的一般步骤。

### 2.3.2　草图绘制实例1

绘制如图2.9所示的草图。

步骤1　新建零件。单击"新建"按钮,在"新建 SolidWorks 文件"对话框中选择"零件"
模板,单击"确定",如图2.10所示。

图2.9　草图绘制实例1

图2.10　新建零件

步骤2　选择绘图平面。单击"草图绘制"图标 └ 或者单击相应的绘图命令图标,绘图窗口出现如图2.11所示的三个可供选择的相互垂直默认基准平面。用鼠标单击其中任意一个基准面,就选中该平面作为绘图平面,该平面将亮显并旋转成与屏幕平行的位置,以方便在该平面中绘制草图。本例选中"前视基准面"。

步骤3　绘制草图图元,编辑图元。单击"直线"按钮 ╱,绘制如图2.12所示图形。单击"绘制圆角"按钮 ╮,如图2.13所示。修改"圆角参数"半径为3,选中上边和右边的两条直线,单击 ✓ 确认绘制圆角,图形如图2.14所示。

图 2.11　选择绘图平面

图 2.12　绘制编辑图元

图 2.13　"绘制圆角"选项

图 2.14　"绘制圆角"图元

　　步骤 4　标注尺寸。单击右上角"智能尺寸"按钮，分别选择各条直线，并修改尺寸数据，如图 2.15 所示，最终得到需要的结果。

图 2.15　修改尺寸

步骤 5　保存草图。单击右上角 🗸 图标结束绘制编辑图元,再单击"保存"命令按钮保存草图。

### 2.3.3　草图绘制实例 2

绘制如图 2.16 所示的草图。

图 2.16　草图绘制实例 2

步骤 1　新建零件。单击"新建"按钮 🗋 ,在"新建 SolidWorks 文件"对话框中选择"零件"模板,单击"确定"。选择"前视基准面",在该基准平面上开始绘图。

步骤 2　绘制中心线。单击"直线"按钮 ∕ · 中的"中心线" ⋰ ,从坐标原点开始绘制如图 2.17 所示的中心线。

图 2.17　绘制中心线

步骤 3　绘制其他图元。单击"直线"按钮 ∕ 绘制直线,选择"圆心∕起∕终点画圆弧" 🗂 命令绘制圆弧,如图 2.18 所示。

图 2.18　绘制其他图元

步骤 4　添加圆弧"线切"的约束。按住键盘上的"Ctrl"键,同时选择左边第一段圆弧和第二段圆弧,从出现的可能约束中选中"相切"约束;同样,同时选择左边第二段圆弧和最后一段圆弧,从出现的可能约束中选中"相切"约束,如图 2.19 所示。

步骤 5　添加尺寸。单击"智能尺寸"按钮 🖉 ,标注并修改尺寸,如图 2.20 所示。注意,尺寸"8"和"15"要对称标注。对称标注时,要同时选择该图元和对称中心线并把鼠标光标移到中心线的另外一侧才会出现对称尺寸。

步骤 6　保存草图。单击右上角 🗸 图标结束绘制编辑图元,再单击"保存"按钮保存草图。

图 2.19　添加"相切"约束

图 2.20　标注尺寸

### 2.3.4　草图绘制实例 3

绘制如图 2.21 所示的草图。

图 2.21　草图绘制实例 3

步骤 1　新建零件。单击"新建"按钮，在"新建 SolidWorks 文件"对话框中选择"零件"模板，再单击"确定"按钮。选择"前视基准面"，在该基准平面上开始绘图。

步骤 2　绘制中心线。

①单击"中心线"按钮，从坐标原点开始绘制一条中心线；

②单击"圆"按钮，以中心线的端点为圆心，绘制两个圆；

③按住"Ctrl"键选中两个圆，从左边的属性栏中"添加几何关系"为"相等"，并选中"作为构造线"，如图 2.22 所示；

④标注直线和圆的尺寸,如图 2.23 所示。

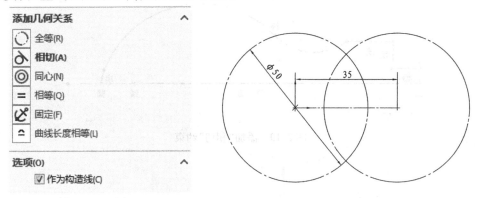

图 2.22　修改"圆"的属性　　　　　　图 2.23　标注尺寸

图 2.24　绘制余下中心线

**步骤 3　绘制余下中心线。**

①单击"中心线"按钮 ,捕捉到圆的"象限点",绘制两条中心线;

②单击"裁剪实体"按钮 ,把不需要的圆弧裁剪掉,结果如图 2.24 所示。

**步骤 4　绘制部分圆形。**

①单击"圆"按钮 ,分别以中心线的端点为圆心,绘制两组同心圆共 4 个圆,再以外面大圆的象限点为圆心,绘制 6 个小圆;同样,以外面大圆的象限点为圆心,再绘制 6 个稍大一点的小圆。

②标注 φ40 的圆,并添加两个圆"相等"的约束。

③标注 φ56 的圆,并添加两个圆"相等"的约束。

④标注 φ7 的圆,并添加 6 个圆"相等"的约束。

⑤标注 φ16 的圆,并添加 6 个圆"相等"的约束。

⑥绘制上方和最下方的通过 φ16 的圆的象限的两条直线,如图 2.25 所示。

图 2.25　绘制部分圆形

步骤5　修剪图形。单击"裁剪实体"按钮🔧,把不需要的圆弧裁剪掉,结果如图2.26所示。

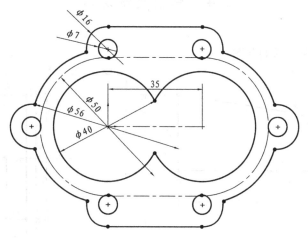

图 2.26　裁剪部分圆形

步骤6　完善最后图形。

①单击"圆"按钮⊙,以中间的中心线的中点为圆心绘制一个 φ28 的圆;

②单击"裁剪实体"按钮🔧,把不需要的圆弧裁剪掉,结果如图 2.27 所示。

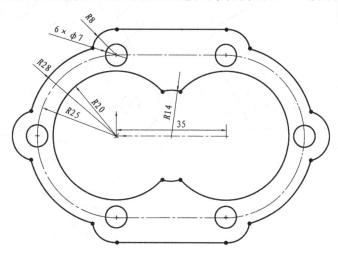

图 2.27　完善最后图形

步骤7　保存草图。单击右上角↪图标结束绘制编辑图元,再单击"保存"按钮保存草图。

## 2.4　草图绘制练习

分别绘制图 2.28 所示的草图。

图 2.28　草图练习题

# 第**3**章
# 基础特征及实例

特征是构成三维实体的基本元素。复杂的三维实体是由多个基本特征通过不同的次序和空间构造组成的。在 SolidWorks 中,基本特征建模方法包括拉伸/拉伸切除、旋转/旋转切除、扫描、放样、圆角和筋等多种。零件实体建模就是综合运用上面的建模方法,把零件分解成多个尽可能简单的特征,然后一一建模和编辑修改。

SolidWorks 提供了"特征"工具条,如图 3.1 所示。更常用的是直接采用"特征"命令管理器,如图 3.2 所示。使用时直接单击相应的按钮,就可以特征建模。下面详细介绍各种基本特征建模方法。

图 3.1　"特征"工具条

图 3.2　"特征"命令管理器

## 3.1　拉伸和拉伸切除

拉伸和拉伸切除特征是通过将二维拉伸面沿着垂直于草图面的方向移动一定距离或到特定位置从而形成基体或孔洞的一种方法。它是 SolidWorks 最基础、最常用的特征建模方法之一。

### 3.1.1　拉伸和拉伸切除特征介绍

SolidWorks 中最常用的特征建模方法就是拉伸和拉伸切除。单击"拉伸"按钮 🗐 或者"拉伸切除"按钮 就可以把一个草图面拉伸或者切除得到一定的立体。单击"拉伸"按钮后,系统会出现"凸台-拉伸"属性管理器,如图 3.3 所示。注意,开始条件有"草图基准面""曲面/面/基准面""顶点"和"等距"4 种选项,终止条件有"给定深度""成形到一顶点""成形到一面""到离指定面指定的距离""成形到实体"和"两侧对称"6 种选项。同时,还有"方向 2"和"薄壁特征"开关可以勾选。"所选轮廓"选项在草图中有多个草图时可以选中其中一个或者多个草图进行拉伸。单击"拉伸切除"按钮后,系统会出现"拉伸-切除"属性管理器,其基本界面和"凸台-拉伸"属性管理器类似。

图 3.3　"拉伸"属性管理器

### 3.1.2　拉伸和拉伸切除特征实例 1

创建如图 3.4 所示的实体模型。

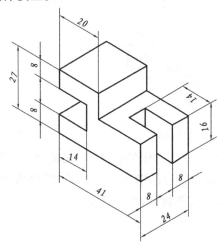

图 3.4　"拉伸"实例 1

步骤1　新建零件。单击"新建"按钮▯,在"新建 SolidWorks 文件"对话框中选择"零件"模板,单击"确定"按钮。单击"拉伸"按钮▮,在弹出的三个标准数据平面中选中"前视基准面",在该数据平面上开始绘草图。

步骤2　绘制草图。单击"直线"按钮∕,让某条直线从坐标原点开始,绘制如图3.5所示草图,并标注尺寸。

步骤3　在"凸台-拉伸"属性管理器中修改属性。单击"退出草图"按钮▯,结束草图编辑。在"凸台-拉伸"属性管理器中,修改"拉伸深度"数据为24,单击"凸台-拉伸"属性管理器上方的✔确认完成该特征,如图3.6所示。

图3.5　草图面　　　　　　　　　　　　　图3.6　拉伸特征

步骤4　新建"拉伸切除"特征。单击"拉伸切除"按钮▮,选中步骤3中特征的右上平面(图3.7中亮显的面),按空格键,从弹出的"方向"选择器(图3.8)中选中"正视于"⬆,让该绘图面平行于屏幕,以方便绘制草图。在该绘图平面上绘制如图3.9所示的草图并标注尺寸。

图3.7　选中的绘图面　　　　　　　　　　图3.8　"方向"选择器

步骤5　在"拉伸切除"属性管理器中修改属性,完成建模。单击"退出草图"按钮▯,结束草图编辑。在"拉伸切除"属性管理器中,将"终止条件"修改为"完全贯穿",单击"拉伸切除"属性管理器上方的✔确认完成该特征,如图3.10所示。

图3.9　"拉伸切除"特征的草图

图3.10　最终结果

### 3.1.3　拉伸和拉伸切除特征实例2

根据图3.11所示视图绘制其实体模型。

步骤1　新建零件。单击"新建"按钮 □ ,在"新建 SolidWorks 文件"对话框中选择"零件"模板,单击"确定"按钮。单击"拉伸"按钮 ⬛ ,在弹出的三个标准数据平面中选中"上视基准面",在该基准平面上开始绘制草图。

步骤2　绘制草图。选择"矩形"下的"中心矩形"命令 ▢ ,让矩形中心通过坐标原点,绘制一个 65×38 的矩形;再用"倒圆角"命令倒 R9 的圆角,用"圆"命令绘制四个 φ10 的圆,如图3.12所示,并标注尺寸。

步骤3　修改"凸台-拉伸"属性管理器中的属性。单击"退出草图"按钮 ↵ ,结束草图编辑。在"凸台-拉伸"属性管理器中,修改"拉伸深度"为10,单击"凸台-拉伸"属性管理器上方的 ✓ 确认完成该特征,如图3.13所示。

图3.11　"拉伸"实例2

图3.12　草图面

图3.13　拉伸特征

步骤4　新建"凸台-拉伸"特征。单击"拉伸"按钮 ⬛ ,选中步骤3所建特征的最前面为绘图平面,并使它正视于屏幕。绘制如图3.14所示的拉伸面,修改拉伸深度为9,结果如图3.15所示。

图3.14　拉伸面

图3.15　拉伸特征

**步骤5**　用步骤4的草图拉伸另外一个特征。单击"特征管理树"中的"凸台-拉伸2"特征前面的三角形,选中刚刚绘制的"草图2",如图3.16所示。再单击"拉伸"按钮 ,在"凸台-拉伸"属性管理器中将"开始条件"设为"等距",修改"等距"下方"距离数据"为38,点击"开始条件"前面的"反向",如图3.17所示。结果如图3.18所示。

图3.16　选中共用的面

图3.17　修改参数

**步骤6**　完成最终实体。

选中生成实体的最前面,绘制20×3的矩形。单击"拉伸切除"按钮 ,选用"完全贯穿"方式,切除下方长方形槽,完成本例建模。结果如图3.19所示。

图3.18　修改参数后的结果

图3.19　最终结果

### 3.1.4　拉伸和拉伸切除特征练习

绘制如图3.20所示的实体模型。

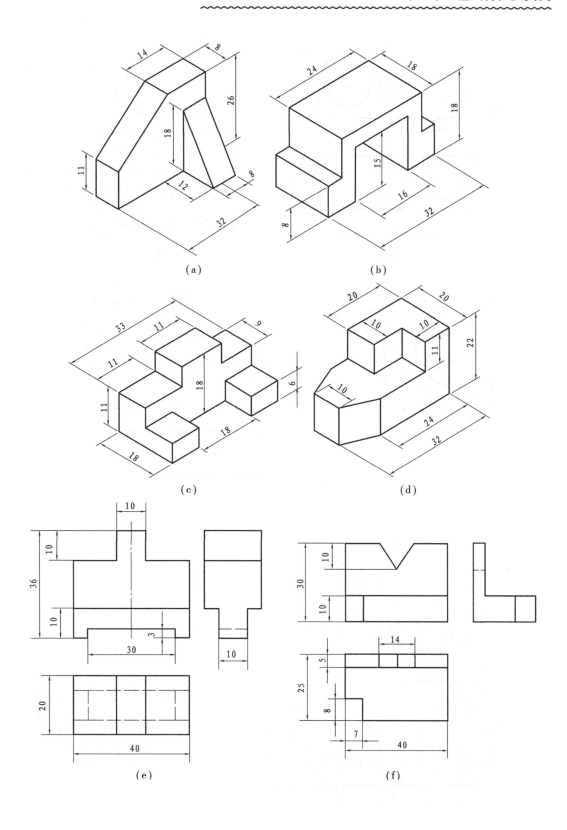

(a)

(b)

(c)

(d)

(e)

(f)

（g）

（h）

（i）

（j）

（k）

（l）

（m）

(n)

图 3.20  拉伸和拉伸切除练习题

## 3.2  旋转和旋转切除

旋转和旋转切除特征是通过将二维旋转面绕中心轴旋转一定角度,从而形成基体或孔的一种方法。它也是 SolidWorks 最基础、最常用的特征建模方法之一。

### 3.2.1  旋转和旋转切除特征介绍

单击"旋转"按钮 🍳 后,系统会出现"旋转"属性管理器,如图 3.21 所示。注意,"旋转类型"有"给定深度""成形到一顶点""成形到一面""到离指定面指定的距离"和"两侧对称"5种选项。同时,还有"方向 2"和"薄壁特征"开关可以勾选。"所选轮廓"选项在有多个草图时可以选中其中一个或者多个草图进行拉伸。单击"旋转切除"按钮 🎨 后,系统会出现"切除 - 旋转"属性管理器,其基本界面和"旋转"属性管理器类似。

### 3.2.2  旋转和旋转切除特征实例

创建如图 3.22 所示的实体模型。

步骤 1  新建零件。单击"新建"按钮 🗋,在"新建 SolidWorks 文件"对话框中选择"零件"模板,单击"确定"按钮。单击"旋转"按钮 🍳,在弹出的三个标准基准平面中选中"前视基准面",在该基准平面上开始绘制草图。

步骤 2  绘制草图。单击"直线"按钮 ✏,让某条直线从坐标原点开始,绘制如图 3.23 所示草图,并标注尺寸。

图 3.21　"旋转"属性管理器

图 3.22　"旋转"实例　　　　　　　　　　图 3.23　绘制草图

步骤 3　修改"旋转"属性管理器中属性,完成建模。单击"退出草图"按钮 ,结束草图编辑。在"旋转切除"属性管理器中修改旋转角度为 360°,单击"旋转"属性管理器上方的 确认完成该特征,如图 3.24 所示。

图 3.24　最终结果

### 3.2.3　旋转和旋转切除特征练习

绘制如图 3.25 所示的实体模型。

(a)

(b)

技术要求：未注倒角C1

(c)

（d）

（e）

(f)

图 3.25　旋转和旋转切除练习题

## 3.3　参考几何体

参考几何体是 SolidWorks 比较重要的概念,是创建模型的参考基准。参考几何体可以通过"特征工具管理器"中的"参考几何体"中嵌套的命令按钮下找到。也有单独的工具条,命令按钮都在该工具条中,有"基准面""基准轴""坐标系""点"和"配合参考"5 种基本参考几何体。参考几何体工具条如图 3.26 所示。

图 3.26　参考几何体工具条

### 3.3.1　参考几何体介绍

在 SolidWorks 中,单击"参考几何体"按钮 并选中其中的一个参考几何体类型。选择"基准面"命令后,系统会显示"基准面"属性管理器,如图 3.27 所示。选择"基准轴"命令后,系统会显示"基准轴"属性管理器,如图 3.28 所示。选择"坐标系"命令后,系统会显示"坐标系"属性管理器,如图 3.29 所示。选择"点"命令后,系统会显示"点"属性管理器,如图 3.30 所示。选择"配合参考"命令后,系统会显示"配合参考"属性管理器,如图 3.31 所示。

图 3.27　"基准面"属性管理器　　　　图 3.28　"基准轴"属性管理器

图 3.29　"坐标系"属性管理器　　　　图 3.30　"点"属性管理器

图 3.31 "配合参考"属性管理器

### 3.3.2 参考几何体实例

创建如图 3.32 所示的实体模型。

图 3.32 "参考几何体"实例

步骤 1　新建零件。单击"新建"按钮 🗋，在"新建 SolidWorks 文件"对话框中选择"零件"模板，再单击"确定"按钮。单击"草图绘制"按钮 🗁，在弹出的三个标准基准平面中选中"前视基准面"，在该基准平面上开始绘制草图。绘制草图如图 3.33 所示，选用"拉伸凸台"命令，把该草图拉伸长度 31，如图 3.34 所示。

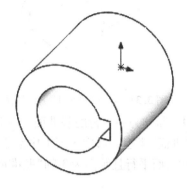

图 3.33　"参考几何体"步骤 1 草图　　　　图 3.34　"参考几何体"步骤 1 实体

步骤 2　新建参考几何体——基准面。在 SolidWorks 中，单击"参考几何体"按钮 🗊 并选中其中的"基准面"类型。选中步骤 1 中空心圆柱体的前面，选中反向等距，并把距离改为"11"，如图 3.35 所示，生成一个和前面平行且距离为 11 的"基准面 1"，结果如图 3.36 所示。

图 3.35　修改基准面参数　　　　　　图 3.36　生成"基准面 1"

步骤 3　在"基准面 1"上绘制草图建模左边特征。选中新建的"基准面 1"，采用"拉伸凸台"命令，在上面绘制草图，如图 3.37 所示。拉伸高度为 9，注意拉伸的方向。生成特征后如图 3.38 所示。

图3.37  在"基准面1"上绘草图

图3.38  生成零件左边特征

步骤4  新建另一平行的基准面。在 SolidWorks 中,单击"参考几何体"按钮 ,并选中其中的"基准面"类型。选中步骤1中空心圆柱体的后面,选中反向等距,并把距离改为"3",生成一个和后面平行且距离为3的"基准面2",结果如图3.39所示。

图3.39  生成"基准面2"

图3.40  在"基准面2"上绘草图

步骤5  在"基准面2"上绘制草图建模右边特征。选中新建的"基准面2",采用"拉伸凸台"命令,在上面绘制草图,如图3.40所示。拉伸高度为7,注意拉伸的方向,结果如图3.41所示。

图3.41  生成右边特征

图3.42  采用"等距"方式拉伸参数

步骤 6　重用步骤 5 中的草图,采用"等距"的方法生成右前的特征。点选步骤 5 中特征前面的右向小三角形▶,右向小三角形会变成向下的三角形,并显示出该特征的草图。选取该草图,然后选中"拉伸凸台"命令,选用"等距"方式构建拉伸特征,注意修改"等距"为 18 和"反向",同时注意修改"给定深度"为 7 和"反向",如图 3.42 所示。结果如图 3.43 所示。

步骤 7　新建另一和垂直方向倾斜 35°的基准面,以便切除 $\phi 6$ 的圆孔。在 SolidWorks 中,单击"参考几何体"按钮并选中其中的"基准面"类型。单击"第一参考",选中"右视基准面";然后单击"第二参考",选中第一步中空心圆柱体中的旋转轴;单击"第一参考"中的"角度"方式,修改角度为 35°,选中"反向等距"前面的框,如图 3.44 所示,生成"基准面 3"。结果如图 3.45 所示。

图 3.43　采用"等距"方式拉伸结果

注意:

①为了避免前面生成的基准面影响观察视线,可以隐藏基准面。方法是在"设计树"中用鼠标右键选中该基准面,从弹出的快捷菜单中选中"隐藏" 。图 3.45 已经隐藏了"基准面 1"和"基准面 2"。

图 3.44　建立倾斜的参考面参数设置

图 3.45　建立倾斜的参考面

②旋转轴系统一般是不会显示的。要显示旋转轴则需要选择"视图"→"隐藏/显示"→"临时轴",系统才会显示旋转轴。本例"第二参考"中的旋转轴"基准轴 1"需要先按照这样操

作才会被显示出来。

步骤 8  切除实体,完成建模

在"基准面 3"上绘制 $\phi 6$ 的圆,采用拉伸切除的方式切除生成 $\phi 6$ 的圆孔,结果如图 3.46 所示。

图 3.46  切除 $\phi 6$ 的圆孔,得到最终结果

### 3.3.3  参考几何体练习

创建如图 3.47 所示的实体模型。

(a)

（b）

（c）

图 3.47　参考几何体练习题

## 3.4　扫描和扫描切除

扫描和扫描切除特征是扫描面沿着某一轨迹移动而形成的特征,其建模需要扫描轮廓和扫描路径两个要素。

### 3.4.1　扫描和扫描切除特征介绍

单击"扫描"按钮后,系统会出现"扫描"属性管理器,如图 3.48 所示,分别选取草图轮廓和路径即可。单击"扫描切除"按钮后,系统会出现"切除-扫描"属性管理器,其基本界面和"扫描"属性管理器类似。

图 3.48　"扫描"属性管理器　　　　　　　　图 3.49　"扫描"实例

### 3.4.2　扫描和扫描切除特征实例

创建如图 3.49 所示的弹簧模型。其中,弹簧总长 100,中径 $\phi$40,簧丝 $\phi$5,节距为 10。

步骤 1　新建零件。单击"新建"按钮,在"新建 SolidWorks 文件"对话框中选择"零件"模板,单击"确定"按钮。选用"草图绘制"命令,在弹出的三个标准基准平面中选中"上视基准面",在该基准平面上开始绘制草图。选用"圆"命令绘制一个直径为 40 的圆。

步骤 2　插入螺旋线作为扫描路径。选择菜单"插入"→"曲线"→"螺旋线/涡状线"命令,修改"螺旋线/涡状线"管理器参数如图 3.50 所示,生成长度为 150 螺旋线作为扫描路径,如图 3.51 所示。

步骤 3　建立扫描面。再次选用"草图绘制"命令,在弹出的三个标准数据平面中选中"前视基准面",在该数据平面上绘制草图。选用"圆"命令绘制一个直径为 5 的圆。选择圆心和螺旋线,添加"穿透"约束,作为扫描面。

图 3.50　螺旋线/涡状线参数修改　　　　　图 3.51　生成螺旋线

　　步骤 4　扫描完成弹簧。单击"扫描"按钮 ,分别选择扫描面和扫描路径,生成如图 3.52 所示的长度为 150 的弹簧。单击"拉伸切除"按钮 ,上下各绘制一个矩形,控制矩形间的距 离为 100,如图 3.53 所示。把多余的弹簧长度切除掉,结果如图 3.54 所示。

图 3.52　长 150 的弹簧　　　　图 3.53　用矩形切除多余长度　　　　图 3.54　最终弹簧

### 3.4.3　扫描和扫描切除特征练习

创建如图 3.55 所示的实体模型。

(a)

(b)

图 3.55　扫描和扫描切除练习题

## 3.5　放样和放样切割

放样和放样切割特征是由两个或者多个截面在其边处用过渡曲面连接形成的一个连续特征。其建模需要两个或者多个截面要素,有时还可以有引导线辅助控制生成方向。

### 3.5.1　放样和放样切割特征介绍

单击"放样"按钮 后,系统会出现"放样"属性管理器,如图 3.56 所示,分别选取草图轮廓和路径即可。单击"放样切割"按钮 后,系统会出现"切除-放样"属性管理器,其基本界面和"放样"属性管理器类似。

图 3.56　"放样"属性管理器

### 3.5.2　放样和放样切割特征实例

创建如图 3.57 所示的实心花瓶模型。

步骤 1　新建零件。单击"新建"按钮 ,在"新建 SolidWorks 文件"对话框中选择"零件"模板,单击"确定"按钮。

步骤 2　新建 3 个和"上视基准面"平行的参考面。选择"参考几何体"中的"基准面"命令,新建和"上视基准面"平行的距离为 40 的"基准面 1"、距离为 110 的"基准面 2"和距离为160 的"基准面 3",如图 3.58 所示。

步骤 3　绘制四个截面圆。在"上视基准面"上绘 $\phi20$ 的圆;在"基准面 1"上绘 $\phi70$ 的圆;在"基准面 2"上绘 $\phi15$ 的圆;"基准面 3"上绘 $\phi30$ 的圆,如图 3.59 所示。

步骤 4　放样。用"放样"命令依次选取"草图 1""草图 2""草图 3"和"草图 4",生成最终结果,如图 3.60 所示。

图 3.57 "放样"实例

图 3.58 新建三个基准面　　　图 3.59 绘制四个截面图　　图 3.60 "放样"结果

### 3.5.3 放样和放样切割特征练习

创建如图 3.61 所示的实体模型。

图 3.61 放样和放样切割练习题

# 3.6 抽壳

抽壳特征是将实体内部掏空，只留一个指定壁厚的一种建模方法。抽壳可以选取一个或者多个开口的面，让这个面的方向上没有壳体厚度，从而形成开口。

### 3.6.1 抽壳特征介绍

单击"抽壳"按钮后，系统会出现"抽壳"属性管理器，如图3.62所示。修改好需要的壳厚度和需要移除的面就可以建立抽壳特征了。需要多厚度时，可以在属性管理器下部修改其他厚度和该厚度的面。

图 3.62 "抽壳"特征管理器

### 3.6.2 抽壳特征实例

创建如图3.63所示的空心花瓶模型，花瓶壁厚2。

图 3.63 "抽壳"实例

步骤 1　新建花瓶。参照"放样实例",建立实心花瓶。

步骤 2　抽壳。单击"抽壳"按钮,设置抽壳厚度为 2,选择实心花瓶上表面作为移除的面,确定即可得到如图 3.63 所示的模型。

### 3.6.3　抽壳特征练习

创建如图 3.64 所示的实体模型。

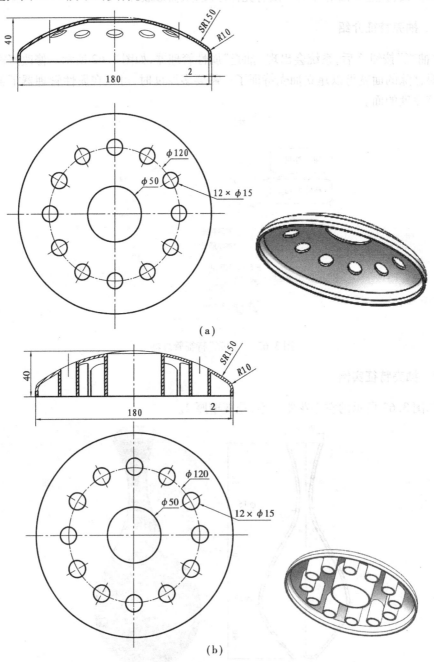

图 3.64　抽壳练习题

## 3.7　异型孔向导

异型孔向导是针对生成孔特征的工具。通过该命令,设计师不需要查阅相关标准设计手册,可直接按各国的标准件选择设计对应的标准孔特征。当然还可以根据企业需求对标准孔数据进行扩充,或自定义定制非标件的配对孔。目前,异型孔标准包含有公制、英制、国标等15 种。

异型孔的形状,分为柱形沉头孔、锥形沉头孔、孔、直螺纹孔、锥形螺纹孔、旧制孔、柱孔槽口、锥形槽口、槽口,共 9 种形式。

### 3.7.1　异型孔向导特征介绍

在 SolidWorks 中,"异型孔向导"命令管理器下嵌套了"异型孔向导"和"螺纹线"两个命令。"异型孔向导"一般用于建立光孔和各种内螺纹孔特征,而"螺纹线"一般用于建立外螺纹特征。单击"异型孔向导"按钮后,系统会出现"孔规格"属性管理器,如图 3.65 所示。单击"螺纹线"按钮后,系统会出现"螺纹线"属性管理器,如图 3.66 所示。

图 3.65　"孔规格"属性管理器　　　　图 3.66　"螺纹线"属性管理器

### 3.7.2　异型孔向导特征实例

创建如图 3.67 所示的实体模型。

图 3.67　"异形孔向导"实例

步骤 1　新建一个零件。选用"旋转"命令,在"前视基准面"绘制如图 3.68 所示的草图,旋转 360°,得到外形特征,如图 3.69 所示。

图 3.68　草图

图 3.69　轴的外形特征

步骤 2　选用"拉伸切除"命令,选中最右边的面切除直径为 Φ18、长度为 45 的内孔,切除直径为 Φ22、长度为 32 的内孔,其剖开显示如图 3.70 所示。

注意:图 3.70 采用了"剖面视图" 🔲的显示方式。要采用该方式,只需要点取该按钮,并选择一个面作为剖开面即可。

图 3.70　轴的内部特征(剖开)

步骤 3　选用"拉伸切除"命令,选中"上视基准面",显示"临时轴",在其上绘制直径为 13 的圆,采用方向 1"完全贯穿"及方向 2"完全贯穿"的方式切除中部的孔。其剖开显示如图 3.71 所示。

图 3.71　轴的内部 $\phi$13 孔(剖开)

步骤 4　选用"异型孔向导"命令,修改孔的类型为"锥形螺纹孔",修改孔的标准为 "GB",孔规格大小为"3/8",修改孔的终止条件为"完全贯穿",勾选"装饰螺纹线",如图 3.72 所示。孔规格修改好后,单击孔位置。单击轴的左端面,黄色预览的孔会跟着鼠标光标移动,单击左端面的圆心位置,确定锥形螺纹孔的位置后,剖开显示如图 3.75 所示。

步骤 5　选取"异型孔向导"命令,修改孔的类型为"柱形沉头孔",修改孔的标准为 "GB",孔的类型为"内六角圆柱头螺钉 GB/T 70.1—2000",孔规格大小为 $M6$,配合为"松弛",勾选"显示自定义大小",把"柱形沉头孔深度"修改为 6,修改孔的终止条件为"完全贯穿",如图 3.73 所示。孔规格修改好后,单击"孔位置"。单击轴的左端面,黄色预览的孔会跟着鼠标光标移动,单击左端面的某个位置,并适当绘制中心线定位其位置,确定后得到孔,如图 3.76 所示。

步骤 6　选用"异型孔向导"命令,修改孔的类型为"直螺纹孔",修改孔的标准为"GB", 孔的类型为"底部螺纹孔",孔规格大小为 $M3.5$,修改孔的终止条件为"给定深度",设定盲孔深度为"8",如图 3.74 所示。孔规格修改好后,单击孔位置,单击轴的左端面,黄色预览的孔会跟着鼠标光标移动,单击左端面的某个位置,并适当绘制中心线定位其位置,确定后得到孔，如图 3.77 所示。

图 3.72　锥形螺纹孔参数设置　　图 3.73　柱形沉头孔参数设置　　图 3.74　直螺纹孔参数设置

图 3.75　锥形螺纹孔(剖开)

图 3.76　柱形沉头孔

图 3.77 直螺纹孔

步骤7 选用"圆周阵列"命令,以中间的轴心为"阵列轴",360°等间距阵列 3 个,选中"柱形沉头孔"和"直螺纹孔",阵列两个特征,设置如图 3.78 所示。结果如图 3.79 所示。

图 3.78 圆周阵列设置 图 3.79 圆周阵列孔结果

步骤8 选用"插入"→"注解"→"装饰螺纹线"命令,螺纹设定选中 $\phi$30 的外圆柱面,标准选用"GB",类型选用"机械螺纹",大小选用"M30",终止条件选用"成形到下一面",如图 3.80 所示。结果如图 3.81 所示。

步骤9 把右边端面倒角 C2。结果如图 3.82 所示。

注意:步骤 8 中如果采用"螺纹线"命令,就可以建立螺纹线特征,其结果如图 3.83 所示。对比图 3.82,采用"螺纹线"建立的特征,外观上是有螺纹形状的。但在生成工程图时,采用"加装饰螺纹线"方法更符合国家标准的螺纹规定表达,采用"螺纹线"建立的特征,生成工程图时不符合国家制图标准。图 3.84 显示的是采用"加装饰螺纹线"方法生成立体的放大效果及其工程图效果;图 3.85 显示的是采用"螺纹线"方法生成立体的放大效果及其工程图效果。

图 3.80　装饰螺纹线设置　　　　　　　图 3.81　加装饰螺纹线

图 3.82　倒角 C2 后的最后结果　　　　图 3.83　采用"螺纹线"建立的结果

图 3.84　采用"装饰螺纹线"建立的结果局部放大及工程图

图 3.85 采用"螺纹线"建立的结果局部放大及其工程图

### 3.7.3 异型孔向导练习

创建如图 3.86 所示的实体模型。

（a）

(b)

(c)

图 3.86　异型孔向导练习题

## 3.8　筋

筋是零件上增加强度的部分。值得注意的是,在 SolidWorks 中,筋实际上是由开环的草图轮廓生成的特殊类型的拉伸特征,封闭草图反而不行。

### 3.8.1　筋特征介绍

在 SolidWorks 中,单击"筋"按钮 ,就可以建立筋特征。筋本质上是由开环草图生成的特殊的拉伸特征。

### 3.8.2　筋特征实例

创建如图 3.87 所示的立体模型。

步骤 1　新建零件。单击"新建"按钮 ,在"新建 SolidWorks 文件"对话框中选择"零件"模板,单击"确定"按钮。

步骤 2　建立旋转特征,构建主体,如图 3.88 所示。

步骤 3　建立拉伸切除特征,切除底板 4×φ3 的孔,如图 3.89 所示。

图 3.87　筋特征实例

图 3.88　构建主体

图 3.89　切除底板 4×φ3 的孔

步骤 4　新建一个和前视基准面夹 45°的基准面 1,在该基准面上绘制如图 3.90 所示的开环草图。选择"筋"命令,设置筋的厚度为 2 且为两侧对称方式,注意拉伸方向,确定生成筋特征,如图 3.91 所示。

图 3.90　开环草图

图 3.91　生成筋特征

步骤 5　以中心轴,采用 360°等间距圆周阵列 4 个筋,如图 3.92 所示。

图 3.92　筋实例结果

### 3.8.3　筋特征练习

创建如图 3.93 所示的实体模型。

(a)

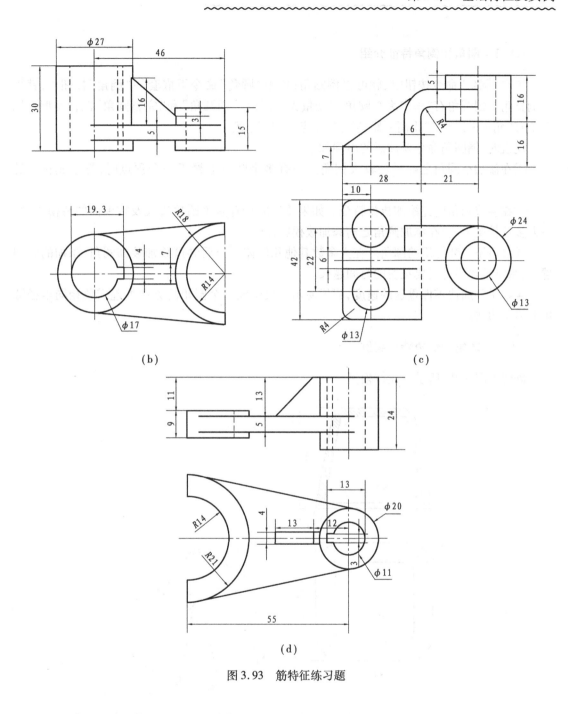

图 3.93 筋特征练习题

## 3.9 圆角和倒角

圆角特征是在零件上生成内圆角面或者外圆角面的一种特征,它可以在一个面的所有边线上,或者所选的多组面上以及所选的边线或者边线环上生成圆角。

倒直角特征是利用面或者边斜切除一定距离的一种特征。

### 3.9.1　圆角和倒角特征介绍

单击"圆角"命令按钮🟦,就可以倒圆角;单击"圆角"命令下嵌套的"倒角"按钮🟧,就可以倒直角。倒圆角有"恒定大小圆角""变量大小圆角""面圆角"和"完整圆角"四种类型。倒直角有"角度－距离""距离－距离"和"顶点"三种类型。

建模时,倒圆角命令要注意的事项如下:

①在添加小圆角之前添加较大圆角。当有多个圆角汇聚于一个顶点时,先生成较大的圆角。

②在生成圆角前先添加拔模特征。如果要生成具有多个圆角边线及拔模面的铸模零件,在大多数情况下,应在添加圆角之前添加拔模特征。

③最后添加装饰用的圆角。在大多数其他几何体定位后尝试添加装饰圆角,添加的时间越早,系统重建零件需要花费的时间越长。

④如果要加快零件重建的速度,建议使用一次生成一个圆角的方法处理需要相同半径圆角的多条边线。

### 3.9.2　圆角和倒角特征实例

创建如图 3.94 所示的立体模型。

图 3.94　圆角/倒角特征实例

步骤 1　新建零件。单击"新建"按钮📄,在"新建 SolidWorks 文件"对话框中选择"零件"模板,单击"确定"按钮。

步骤 2　建立参考"基准面 1",它平行于"上视基准面"且距离为 10。分别在"上视基准面"绘制 12×12 矩形,在"基准面 1"上绘制 8×8 矩形。采用"放样"命令生成主体,如图 3.95 所示。

图 3.95　生成主体

步骤 3　选用"圆角"命令,设置"变量大小圆角"类型,圆角项目选中四条斜边,依次把上表面边线交点设置半径为 1,下表面边线交点设置半径为 3,如图 3.96 所示,得到如图 3.97 所示立体。

图 3.96　设置变半径圆角　　　　　　　　　图 3.97　变半径圆角结果

步骤 4　选用"圆角"命令,设置"恒定大小圆角"类型,设置圆角半径为 1,选择上表面作为圆角项目。结果如图 3.98 所示。

步骤 5　选用"抽壳"命令,设置抽壳厚度为 0.8,下表面为移除的面,结果如图 3.99 所示。

步骤 6　选用"倒角"命令,选用"角度距离"类型,设置角度为 45°,设置距离为 0.5,选中下表面的内环线作为倒角的边。结果如图 3.100 所示。

图 3.98　上表面倒 R1 圆角　　　　图 3.99　抽壳,厚度为 0.8　　　　图 3.100　圆角和直角实例结果

### 3.9.3　圆角和倒角特征练习

建立如图 3.101 所示的实体模型。

图 3.101　圆角和倒角特征练习题

## 3.10　包覆

包覆特征是将草图或者文字包裹到平面或非平面中的一种特殊特征。设计者可在平面上生成草图或者文字,然后包覆到模型的某个面上,这个面可以是圆柱、圆锥或拉伸的模型生成的某个表面。包覆特征支持轮廓选择和草图重用。

### 3.10.1　包覆特征介绍

在 SolidWorks 中,单击"包覆"按钮就可以生成包覆特征。包覆有"浮雕""蚀雕"和"刻划"三种类型。

### 3.10.2　包覆特征实例

在倒角和圆角实例的基础上进行创意设计,如图 3.102 所示,上表面"浮雕"心形,前面"蚀雕"文字。

图 3.102　圆角和直角特征实例

步骤1 打开倒角/圆角实例文件,上表面"浮雕"心形。单击"包覆"按钮,选取上表面,采用"样条曲线"命令绘制一个心形,从弹出的"包覆"特征管理器中选取"浮雕"类型,选中上表面为包覆草图的面,设置厚度为0.05,确定后生成如图3.103所示的形状。

步骤2 前面"蚀雕"文字。单击"包覆"按钮,选取前表面,采用"文字"命令,写上文字"我的设计",修改文字的大小为1.2;从弹出的"包覆"特征管理器中选取"蚀雕"类型,选中前表面为包覆草图的面,设置厚度为0.05,确定后生成如图3.104所示的模型。

图3.103 上表面"浮雕"心形          图3.104 前面"蚀雕"文字

### 3.10.3 包覆特征练习

创建如图3.105所示的键盘按钮实体模型,尺寸自定。要求中间的凸点采用"浮雕",字母K和数字2用"蚀雕"。

图3.105 包覆特征练习题

## 3.11 拔模

拔模特征是用指定的角度斜削模型中所选的面,使型腔零件更容易脱出模具。可以在现有的零件中插入拔模,或者在进行拉伸特征时拔模,也可以将拔模应用到实体或者曲面模型中。拔模面是圆柱面或者平面时,才可以进行拔模操作。

### 3.11.1 拔模特征介绍

单击"拔模"按钮后,弹出"拔模"属性管理器,如图 3.106 所示。设置好拔模角度、中性面和拔模面就可以生成拔模特征。

图 3.106 "拔模"属性管理器

### 3.11.2 拔模特征实例

创建如图 3.107 所示的模型。

图 3.107 拔模特征实例

步骤 1 新建零件。单击"新建"按钮,在"新建 SolidWorks 文件"对话框中选择"零件"模板,单击"确定"按钮。

步骤2　使用"拉伸"命令,选择"上视基准面",在上面绘制 50×50 的矩形,拉伸高度设为18,结果如图 3.108 所示。

步骤3　使用"拉伸切除"命令,选择长方体上表面,在上面绘制 40×40 的矩形,拉伸切除深度设为 16,结果如图 3.109 所示。

图 3.108　拉伸 50×50、高 18 的长方体　　　　图 3.109　切除 40×40、深 16 的长方体

步骤4　使用"圆角"命令,选择长方体内外表面的 8 根立棱线,倒圆角 R5,结果如图3.110所示。

步骤5　使用"拉伸切除"命令,选择长方体前外表面,在中间处绘制 R3 的圆,采用"完全贯穿"拉伸切除;再次使用"拉伸切除"命令,选择长方体右外表面,在中间处绘制 R3 的圆,采用"完全贯穿"拉伸切除,结果如图 3.111 所示。

图 3.110　倒圆角 R5　　　　　　　　　　图 3.111　拉伸切除 R3

步骤6　使用"拔模"命令,设置拔模角度为 15°,选中上表面为中性面,外围 8 个面为拔模面,注意拔模方向,设置如图 3.112 所示,显示如图 3.113 所示,结果如图 3.114 所示。

图 3.112　拔模属性设置　　　　　　　　图 3.113　拔模显示效果

65

步骤7　同样使用"拔模"命令,设置拔模角度为8°,选中上表面为中性面,内部8个面为拔模面,注意拔模方向,显示如图3.115所示,结果如图3.116所示。

图3.114　拔模结果

图3.115　拔模显示效果

步骤8　使用"圆角"命令,设置半径为 $R2$,把上表面、四个 $R3$ 的圆柱面及上底面倒圆角 $R2$。结果如图3.117所示。

图3.116　拔模结果

图3.117　倒圆角 $R2$

步骤9　使用"抽壳"命令,设置厚度为1,下表面为移除的面。结果如图3.118所示。

图3.118　抽壳结果

### 3.11.3　拔模特征练习

创建如图 3.119 所示的实体模型。

图 3.119　拔模特征练习题

# 第4章

# 综合应用实例

在 SolidWorks 的特征建模中,大部分时候都不可能只用到单一的某个特征。一般需要综合使用各种建模工具和方法,以较快的速度,结合特征建模的思路,熟练地把各个零件设计出来。

## 4.1 组合体建模实例

### 4.1.1 组合体建模实例

看懂下面组合体的视图,创建其实体模型。

图 4.1 组合体实例

步骤1　新建零件。单击"新建"按钮 📄,在"新建 SolidWorks 文件"对话框中选择"零件"模板,单击"确定"按钮。

步骤2　使用"拉伸"命令,选择"上视基准面",绘制图 4.2 所示草图,拉伸高度 18,结果如图 4.3 所示。

图 4.2　底板草图

图 4.3　底板拉伸特征

步骤3　使用"拉伸"命令,选择底板上表面绘制 R35 的半圆,拉伸高度 44,结果如图 4.4 所示。

步骤4　使用"拉伸切除"命令,选择 R35 的半圆柱体上表面,绘制 R25 的半圆,采用"完全贯穿"切除,结果如图 4.5 所示。

图 4.4　拉伸 R35 的半圆柱

图 4.5　切除 R25 的半圆柱

步骤5　用平行于后表面的方法建立参考基准面,距离 41,生成"基准面 1"。在该基准面上绘制图 4.6 所示草图,拉伸到下一个面,结果如图 4.7 所示。

图 4.6　建立草图

图 4.7　拉伸得到前面拱门

步骤6　拉伸切除 φ15 的圆孔,结果如图 4.8 所示。

步骤7　拉伸切除前下方 38×8 的长方体,结果如图 4.9 所示。

图 4.8　拉伸切除 φ15 的圆孔

图 4.9　拉伸切除前下方长方体

### 4.1.2　组合体建模练习题

看懂图 4.10 所示组合体的视图,分别创建对应的实体模型。

（a）

（b）

（c）

(d)

(e)

(f)

(g)

(h)

(i)

(j)

(k)

(l)

(m)

(n)

(o)

图 4.10 组合体综合练习

## 4.2 轴类零件建模实例

轴类零件一般起支承传动零件、传递动力的作用。这类零件多由不等径的圆柱体或圆锥体组成,轴向尺寸大,径向尺寸小,一般用"旋转"的方法去建立其实体模型。对于轴套上的键槽、退刀槽等结构,可以采用"拉伸切除"方法去建立其结构。对于有很多不同直径段的轴,也可以用"拉伸"的方法一段一段地叠加去建立其实体模型。

### 4.2.1 轴类零件建模实例

看懂图 4.11 所示的轴零件图,建立对应的实体模型。

图 4.11 轴零件实例

**步骤 1** 新建零件。单击"新建"按钮 ,在"新建 SolidWorks 文件"对话框中选择"零件"模板,单击"确定"按钮。

**步骤 2** 单击"SolidWorks 插件"命令管理器,单击"SolidWorks Toolbox"按钮 ,加载完成后,右边设计库如图 4.12 所示。单击 Toolbox 图标,选中 GB,再单击下方的"动力传动",再单击"齿轮",从出现的各种齿轮类型中选中"正齿轮";鼠标右击,从弹出的快捷菜单中选择"生成零件",从左边的"配置零部件"中修改齿轮的参数:即模数为 3,齿数为 14,压力角 20°,齿面宽 30。如图 4.13 所示,单击添加按钮,生成一个零件。注意"毂样式"有"类型 A""类型

B"及"类型 C","标称轴直径"有不同的数据,但是本例是实心轴,可以先有轴孔,然后把该孔填补上。单击"添加"按钮,在另外新的文件中生成一个零件实体配置,注意该零件实体模型属性为"只读"类型。为了方便后面的编辑,请把该文件用"另存为"的方式,在用户指定的存储位置用设定的文件名保存。结果如图4.14所示。

图4.12　Toolbox 设计库

图4.13　齿轮参数设置

步骤3　采用"旋转"命令,绘制旋转草图,如图4.15所示。旋转生成轴主体,同时补上齿轮中间的孔,结果如图4.16所示。

步骤4　采用"异形孔向导"命令,生成轴左端面上 *M*6 的螺纹孔。采用"直螺纹孔"的方式,标准选用"GB",类型选用"中底部螺纹孔",大小为 *M*6,终止条件为给定深度,深度为10。

步骤5　采用"拉伸切除"命令,切除 $\phi$6 的通孔。

图4.14　生成齿轮(中间有轴孔)

图 4.15 "旋转"用草图

图 4.16 旋转后齿轮轴

**步骤 6** 新建参考基准面,其和"前视基准面"平行距离为 7。在该基准面上采用"直槽孔"命令,绘制键槽的形状;采用"拉伸切除"命令,切除深度为 3。结果如图 4.17 所示。

图 4.17 生成 M6 和 φ6 的通孔及键槽

**步骤 7** 选取"插入"→"注解"→"装饰螺纹线"命令,螺纹设定选中 φ12 的外圆柱面,标准选用"GB",类型选用"机械螺纹",大小选用"M12",终止条件选用"成形到下一面",生成 M12 的外螺纹。结果如图 4.18 所示。

图 4.18 生成 M12 的外装饰性螺纹线

步骤 8　倒直角 $C2$、$C1$；倒圆角 $R0.5$。在齿轮大径面倒直角 $C2$；在轴的左右两端倒直角 $C1$。在齿轮左右两边的槽处倒圆角 $R0.5$。结果如图 4.19 所示。

图 4.19　齿轮轴结果

### 4.2.2　轴类零件建模练习题

看懂图 4.20 所示的轴类零件图，分别创建对应的实体模型。

（a）

(b)

(c)

(d)

（e）

（f）

图 4.20 轴类零件综合练习题

## 4.3 盘类零件建模实例

盘类零件是指各种轮(齿轮、带轮等)、端盖、法兰盘等。这类零件的主要结构为多个同轴回转体或其他平板形结构,轴向尺寸小,径向尺寸大。对于这类零件,可以采用多次拉伸或者拉伸切除,也可以采用旋转出主体形状,然后切除,最后得到对应的实体模型。

### 4.3.1 盘类零件建模实例

看懂图 4.21 所示的盘类零件图,创建对应的实体模型。

图 4.21 盘类零件实例

步骤 1 新建零件。单击"新建"按钮🗋,在"新建 SolidWorks 文件"对话框中选择"零件"模板,单击"确定"按钮。

步骤 2 选用"拉伸"命令,在"前视基准面"上绘制草图,如图 4.22 所示。拉伸高度 15,结果如图 4.23 所示。

步骤 3 选用"异型孔向导"命令,采用"柱头沉头孔"的方式,注意采用自定义尺寸,修改通孔直径为 6,柱头沉头孔直径为 9,柱头沉头孔深度为 6,结果如图 4.24 所示。

图 4.22 拉伸的草图     图 4.23 拉伸结果     图 4.24 生成异型孔

步骤 4　选用"拉伸切除"命令,切除前面 $\phi$65、深度为 7 的孔,结果如图 4.25 所示。

步骤 5　选用"拉伸切除"命令,切除前面两个 $\phi$6.5 的通孔,结果如图 4.26 所示。

图 4.25　拉伸切除 $\phi$65 的孔

图 4.26　切除两个 $\phi$6.5 的通孔,得到最终结果

### 4.3.2　盘类零件建模练习题

看懂图 4.27 所示的盘类零件图,分别创建对应的实体模型。

（a）

（b）

技术要求:
1. 未注圆角 R3—R5
2. 未注倒角 C1

(c)

技术要求: 未注倒角 C1

(d)

技术要求: 未注倒角 C1

(e)

(f)

图 4.27　盘类零件综合练习

## 4.4　叉架类零件建模实例

叉架类零件包括连杆、支座等。这类零件的结构形状不规则,外形比较复杂,通常由工作部分、支架部分、连接部分组成。因此,建构这类形体时,一般对各个部分——建构,最终得到整体结构。

### 4.4.1　叉架类零件建模实例

看懂图 4.28 所示的叉架零件视图,创建对应的实体模型。

技术要求:
1. 未注圆角 R3
2. 未注倒角 C2

图 4.28　叉架零件实例

83

步骤 1　新建零件。单击"新建"按钮 📄，在"新建 SolidWorks 文件"对话框中选择"零件"模板，单击"确定"按钮。

步骤 2　选用"拉伸"命令，在"前视基准面"上绘制 $\phi52$ 和 $\phi28$ 的同心圆，拉伸高度 66，结果如图 4.29 所示。

图 4.29　拉伸得到空心圆柱

步骤 3　选用"拉伸"命令，在"右视基准面"上绘制如图 4.30 所示草图。对称拉伸 84，结果如图 4.31 所示。

图 4.30　拉伸的草图　　　　　　　图 4.31　拉伸结果

步骤 4　选用"拉伸"命令，在空心圆柱体前面上绘制如图 4.32 所示草图。采用等距拉伸，等距距离为 8，拉伸高度为 15，结果如图 4.33 所示。

步骤 5　选用"拉伸切除"命令，切除上部 54×17 的长方体，再次选用"拉伸切除"命令，切除上部两个 $\phi8$ 的孔，结果如图 4.34 所示。

步骤 6　在需要的地方倒直角 C2，在需要的地方倒圆角 R3 和 R4，在后部倒圆角 R10，结果如图 4.35 所示。

图 4.32　拉伸的草图　　　　　　　　　　图 4.33　拉伸的结果

图 4.34　切除得到上部结构　　　　　　　图 4.35　倒角后得到最终结果

### 4.4.2　叉架类零件建模练习题

看懂图 4.36 所示的叉架类零件图,分别创建对应的实体模型。

(a)

(b)

(c)

(d)

技术要求:
未注倒角C1
未注圆角R2

(e)

技术要求:
未注铸造圆角均为R3

(f)

(g)

技术要求：
未注圆角R1—R3

（h）

(i)

(j)

图 4.36　叉架类零件综合练习

## 4.5　箱体类零件建模实例

箱体类零件一般起着支承、容纳、定位和密封等作用,因此这类零件多数是中空的壳体,具有内腔和壁,此外还常具有轴孔、轴承孔、凸台和肋板等结构。为方便其他零件的安装,常设计有安装底板、法兰、安装孔和螺孔等结构。为了防止尘埃、污物进入箱体,通常要使箱体密封,因此箱体上常有用于安装密封毡圈、密封垫片结构。多数箱体内安装有运动零件,为了润滑,箱体内常盛有润滑油,因此箱壁部分常有供安装箱盖、轴承盖、油标、油塞等零件的凸缘、凸台、凹坑、螺孔等结构。建模的方法一般比较复杂,需要综合利用各种特征建模方式。

### 4.5.1　箱体类零件建模实例

看懂图 4.37 所示箱体零件图,创建对应的实体模型。

图 4.37　箱体零件实例

步骤 1　新建零件。单击"新建"按钮口,在"新建 SolidWorks 文件"对话框中选择"零件"模板,单击"确定"按钮。

步骤 2　选用"拉伸"命令,在"上视基准面"上绘制如图 4.38 所示草图。拉伸高度 15,结果如图 4.39 所示。

图4.38 拉伸草图

图4.39 拉伸得到实体

步骤3 选用"拉伸"命令,在刚刚得到的实体上表面绘制草图,如图4.40所示。拉伸高度170,结果如图4.41所示。

图4.40 拉伸草图

图4.41 拉伸得到实体

步骤4 选用"拉伸"命令,在步骤3得到的实体上表面绘制草图,如图4.42所示。拉伸高度5,结果如图4.43所示。

图4.42 拉伸草图

图4.43 拉伸得到实体

步骤5 选用"拉伸"命令,选取"前视基准面",在上面绘制草图,如图4.44所示。两侧对称拉伸310,结果如图4.45所示。

图4.44 拉伸草图

图4.45 拉伸得到实体

步骤6 选用"拉伸"命令,选取形体底面并绘制草图,如图4.46所示。拉伸高度60,结果如图4.47所示。

图4.46 拉伸草图

图4.47 拉伸得到实体

步骤7 选用"拉伸切除"命令,选取形体底面并绘制草图,如图4.48所示。拉伸切除高度175,结果如图4.49所示。

图4.48 拉伸切除草图

图4.49 拉伸切除得到实体

步骤8 选用"拉伸切除"命令,选取形体顶面并绘制草图,如图4.50所示。拉伸切除方式为"全部贯穿",结果如图4.51所示。

图4.50 拉伸切除草图

图4.51 拉伸切除得到实体

步骤9 选用"拉伸切除"命令,选取四个小台上表面,在上面绘制 $\phi$20 的圆,拉伸切除方式为"全部贯穿",结果如图4.52所示。

步骤10 选用"拉伸切除"命令,在箱体前表面上绘制 R53 的半圆形,拉伸切除方式为"全部贯穿",结果如图4.53所示。

步骤11 选用"圆角"命令,在箱体内表面倒 R10 的圆角,在箱体外表面的上部倒 R20 的圆角,结果如图4.54所示。

图 4.52  拉伸切除 $\phi$20 的圆　　　图 4.53  拉伸切除 $R$53 的半圆　　　图 4.54  倒圆角得到最后结果

### 4.5.2　箱体类零件建模练习题

看懂图 4.55 所示的箱体零件图,分别创建对应的实体模型。

(a)

(b)

(c)

技术要求:
1. 未注圆角 R3
2. 未注倒角 C1

技术要求:
1. 未注圆角R3
2. 未注倒角C1

(d)

(e)

技术要求:
1. 未注圆角 R2—R3
2. 未注倒角 C1

(f)

其余 12.5

技术要求: 未注圆角 R1—R3

(g)

其余 ▽

技术要求:
1. 非机械加工表面喷绿色油漆
2. 未注圆角为 R2

(h)

技术要求:
1. 未注倒角C1
2. 未注圆角R1—R3

(i)

(j)

技术要求：未注倒角 C1

（k）

（1）

（m）

（n）

图4.55 箱体类零件综合练习

## 4.6  建筑形体建模实例

SolidWorks 不但可以建立机械零件实体,对于其他类型的设计场合也可以适用,比如可以利用 CircuitWorks 插件将机械设计与电子设计完美结合。对于建筑形体,SolidWorks 也是适用的。

### 4.6.1  建筑形体建模实例

看懂如图 4.56 所示建筑形体的视图,创建对应的建筑实体模型。

图 4.56　建筑形体实例

步骤 1　新建零件。单击"新建"按钮,在"新建 SolidWorks 文件"对话框中选择"零件"模板,单击"确定"按钮。

步骤 2　选用"拉伸"命令,在"右视基准面"上绘制如图 4.57 所示草图,拉伸高度为 28,结果如图 4.58 所示。

图 4.57　拉伸用的草图　　　　图 4.58　拉伸得到的台阶

步骤 3　选用"拉伸"命令,选中台阶的最左面,在该面上绘制如图 4.59 所示草图,拉伸高度为 28,结果如图 4.60 所示。

图 4.59　拉伸用的草图　　　　图 4.60　拉伸得到的台阶转角

步骤 4　选用"拉伸"命令,选中台阶的底面,在该面上绘制如图 4.61 所示草图。修改拉伸方向,并修改拉伸高度为 36,结果如图 4.62 所示。

图 4.61　拉伸用的草图　　　　图 4.62　拉伸得到的立柱

步骤 5　选用"拉伸"命令,选中台阶的最右面,在该面上绘制如图 4.63 所示草图。修改拉伸方向,并修改拉伸高度为 28,结果如图 4.64 所示。

图 4.63 拉伸用的草图

图 4.64 拉伸得到的最后结果

### 4.6.2 建筑形体建模练习题

看懂图 4.65 所示建筑形体图,分别创建对应的建筑实体模型。

(a)

（b）

（c）

(d)

(e)

(f)

(g)

图 4.65　建筑形体综合练习

## 4.7　渲染和有限元分析

　　零件实体建模好后,设计师可以根据不同的要求对零件模型进行相应的处理。例如需要输出美观的零件效果图,可以对零件进行渲染。又比如设计师关注零件的力学性能,则可以使用 SolidWorks 的有限元分析工具对零件进行静力学、动力学或者频率分析,甚至进行热力学分析。

### 4.7.1  零件实体的渲染

要对零件实体进行渲染,可以采用 SolidWorks 的 PhotoView360 插件工具。要使用该插件工具,可以单击"SOLIDWORKS 插件"命令管理器,如图 4.66 所示。单击"PhotoView360"按钮,激活它,这时在菜单栏中会增加一个"PhotoView360"菜单,菜单命令如图 4.67 所示。假如使用了该菜单上的某个命令,就会在命令管理器中生成"渲染工具"命令管理器,如图 4.48 所示。

图 4.66  "SOLIDWORKS 插件"命令管理器

图 4.67  新增"PhotoView360"菜单

图 4.68  "渲染工具"命令管理器

### 4.7.2  零件实体的渲染实例

用抽壳产生空心花瓶渲染效果图(图 4.69),要求用"金"外观将其放入合适的背景环境中,并在花瓶外表面贴图(图 4.70)。

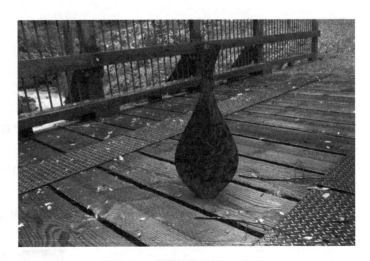

图 4.69　花瓶渲染实例（没有渲染前）　　　　图 4.70　花瓶渲染实例（渲染后）

步骤 1　激活插件。单击"SOLIDWORKS 插件"命令管理器,找到"PhotoView360"按钮并单击激活它。

步骤 2　编辑外观。

①选用"PhotoView360"菜单下的"编辑外观"命令 ,窗口左边弹出如图 4.71 所示"颜色"对话框,可以为模型设置颜色。窗口右边弹出如图 4.72 所示"外观、布景和贴图"任务窗口,可以为模型设置外观、布景和贴图。

图 4.71　"颜色"对话框　　　　　图 4.72　"外观、布景和贴图"任务窗口

②在"外观、布景和贴图"任务窗口中单击"外观( color)"节点,依次点选"金属"→"金",双击选择预览区域的"抛光金",在"颜色"对话框中单击 按钮,将外观颜色"抛光金"添加到

模型中。

③单击"预览窗口"按钮 或者"最终渲染"按钮 ，可以渲染得到如图 4.73 所示的金色花瓶。

**步骤 3　编辑布景**——选用"横向 2 图像 2"作为布景。

①选用"PhotoView360"菜单下的"编辑布景"命令 ，窗口左边弹出"编辑布景"对话框，可以为模型设置布景。窗口右边弹出"外观、布景和贴图"任务窗口，可以为模型设置外观、布景和贴图，此时显示 SolidWorks 自带的常用布景场景。

②选中右边的"布景"，从下方的预览窗口选择"横向 2"中的"横向 2 图像 2"，双击该图片作为布景。

③单击"预览窗口"按钮 或者"最终渲染"按钮 ，可以渲染得到如图 4.74 所示的带布景的金色花瓶。

图 4.73　金色花瓶　　　　图 4.74　带有布景的金色花瓶

**步骤 4　编辑贴图**——采用操作系统中的"菊花"图片贴图。

①选用"PhotoView360"菜单下的"编辑贴图"命令 ，窗口左边弹出"贴图"对话框，可以为模型设置贴图。窗口右边弹出"外观、布景和贴图"任务窗口，可以为模型设置外观、布景和贴图，此时显示 SolidWorks 自带的贴图图片。本次选用操作系统的图片，在左边"贴图"对话框中单击"浏览…"按钮，从操作系统中找到"菊花"图片；在花瓶瓶身上单击鼠标，适当改变图片的大小和位置，在"贴图"对话框中单击 按钮，将图片贴在花瓶表面上。

②单击"预览窗口"按钮 或者"最终渲染"按钮 ，可以渲染得到如图 4.75 所示的带贴图的金色花瓶。

图 4.75　有贴图、有背景的金色花瓶

### 4.7.3 零件实体的有限元分析

要对零件实体进行有限元分析,可以采用 SolidWorks 的 SOLIDWORKS Simulation 插件工具。要使用该插件工具,可以单击"SOLIDWORKS 插件"命令管理器,如图 4.76 所示。单击"SOLIDWORKS Simulation"命令按钮,激活它,这时在菜单栏中会增加一个"Simulation"菜单,同时在命令管理器处生成"Simulation"命令管理器,如图 4.77 所示。

图 4.76 "SOLIDWORKS 插件"命令管理器

图 4.77 "Simulation"命令管理器

### 4.7.4 零件实体有限元分析实例

用图 4.78 所示的托架零件进行静力学有限元分析。按照工作要求,将托架的下表面固定在工作台上,$\phi18$ 的孔的上表面有 1 000 N 的力垂直向下压。

图 4.78 有限元分析实例

步骤1　创建托架实体模型(此处省略)。

步骤2　激活插件。单击"SOLIDWORKS 插件"命令管理器,找到"SOLIDWORKS Simulation"命令按钮并单击激活它。

步骤3　新建静应力分析。选用"算例顾问"命令 🔍 下的"新算例"命令,窗口左边弹出"算例"属性管理器,选中"静应力分析",单击算例上的 ✓,新建一个"静应力分析1",如图4.79所示。

图4.79　新建"静应力分析"

步骤4　赋予材质给零件。单击"应用材料"按钮 ☰,弹出"材料"属性管理器,如图4.80所示。选中"合金钢",单击"应用"按钮,把"合金钢"材料赋予托架零件,然后点击"关闭"按钮,关闭该对话框。

步骤5　新建夹具——固定下表面。选用"夹具顾问"命令 📎 下的"固定几何体"命令 ↲,弹出"夹具"属性管理器,选中托架零件的下表面作为固定面,系统在该表面用绿色箭头表示夹具,如图4.81所示。

步骤6　新建载荷——力。选用"外部载荷顾问"命令 ↓↓ 下的"力"命令 ↓,弹出"力/力矩"属性管理器。选中托架零件右上方的 $\phi 18$ 的孔的上表面,设置力的大小为1 000 N,注意其方向向下,系统在该表面用红色的箭头表示力及其方向,如图4.82所示。设置好后,结果如图4.83所示。

图 4.80　"材料"对话框

图 4.81　新建"夹具"　　　　　　图 4.82　新建"力"

步骤 7　生成有限元计算用网格。选用"运算此算例"命令⬜下的"生成网格"命令⬜,使用默认参数,生成如图 4.84 所示网格。

图 4.83　建立好夹具和力后的零件模型　　　　图 4.84　生成网格

步骤 8　运算此算例。单击"运算此算例"按钮⬜,弹出如图 4.85 所示的"静应力分析"对话框显示计算的过程。计算完成后,"静应力分析 1"属性树如图 4.86 所示,可以看到系统采用彩色条的方式显示结果。双击某个结果,在屏幕中就显示它。如图 4.87 所示为"应力 1(vonMises)"的应力分析图,图 4.88 为"位移 1(合位移)"的显示图。

图 4.85　"静应力分析"过程　　　　图 4.86　"静应力分析 1"属性树

图 4.87　"应力 1(vonMises)"的应力分析图

图 4.88　"位移 1(合位移)"分析显示图

# 第**5**章

# 装配建模及实例

装配是 SolidWorks 的三大基本功能之一,其目的就是把多个零件或者部件按照一定的配合进行定位,从而构建较为复杂的零件组合。因此,装配时一定要了解装配体的工作原理、零件间的连接关系及零件间的运动关系,这样才能在装配时合理地添加配合,以保证装配的正确性。

## 5.1 SolidWorks 装配简介

利用 SolidWorks 软件进行装配体建模一般有两种设计方法:一种是从零件到整体的建模思路,即自下而上的设计方法;另一种是从整体到局部的思路,即自上而下的设计方法。

自下而上的设计方法是比较传统的设计方法。一般先建立单个零件,然后进入装配环境,把零件插入装配体,然后添加零件间的配合,从而建立正确的装配体。该方法在零件数目不多的时候简单可行。

自上而下的设计方法是先建立装配布局,然后在装配层次上建立和编辑组件或者零件,从顶层开始自上而下地建立零件模型。该方法有利于保证装配关系,在整体上不会出现太大的设计错误,一般用于复杂的机械产品设计。

### 5.1.1 建立装配体的一般步骤

进入 SolidWorks2016 后,选择"文件"→"新建"命令,弹出"新建 SOLIDWORKS 文件"对话框,如图 5.1 所示。选中"装配体",单击"确定"就可以生成装配体文件,开始组建装配体。进入组建装配体界面时,需要从左边的"开始装配体"属性管理器中选中一种组建装配体的方式,如图 5.2 所示。"开始装配体"属性管理器上面有"生成布局"按钮,单击它可以生成布局,即开始选用自上而下的设计方法建立装配体;下面有"浏览..."按钮,单击它可以选择插入的零件或者简单装配体,即开始用自下而上的设计方法建立装配体。

由于自上而下的设计方法需要更多的知识和设计经验,适合工作经验丰富的设计师。而自下而上的设计方法适合初学者,所以本教程的讲解都是采用自下而上的设计方法,即单击

"浏览…"按钮,开始插入零部件进行装配。

图 5.1　新建装配体对话框图

图 5.2　"开始装配体"属性管理器

单击"浏览…"按钮后,可以选择一个需要装配的零部件,进入 SolidWorks 2016 软件装配界面。图5.3显示的是装配时常用的"装配体"命令管理器。如有需要,可以打开"装配体"工具条,如图5.4所示。

图5.3　装配命令管理器

图5.4　"装配体"工具条

### 5.1.2　装配体中的配合

当 SolidWorks 装配体中插入两个或者两个以上零部件时,就可以采用配合约束零部件的自由度,使零部件处于一定的配合状态中。零部件可能的配合状态有"未完全定义""过定义""完全定义"或"没有解"。在任何情况下,零部件都不能是"过定义"。

SolidWorks 中的配合有"标准配合""高级配合"和"机械配合"三种,分别如图5.5所示,可以根据需要选用对应配合。

图5.5　各种配合类型

建立零部件间配合的方法:单击"配合"按钮◈,选中两个零部件中的某两个要素,确定可能的配合类型,输入必要的参数就可以建立零部件间的配合,从而约束它们之间的运动方式。

## 5.2 装配实例

### 5.2.1 装配实例 1

看懂图 5.6 所示的装配图,根据图 5.7 至图 5.10 所示的零件图创建相应零件模型,然后创建对应的装配模型。

| 4 | 滑轮 | 1 | HT150 | |
| 3 | 卡环 | 3 | Mn65 | GB/T 12884—1991 |
| 2 | 轴 | 1 | 45 | |
| 1 | 座体 | 1 | HT150 | |
| 序号 | 零件名称 | 数量 | 材料 | 备 注 |

图 5.6 装配体实例

步骤 1 分别创建各个零件的立体图,分别以座体、轴、卡环、滑轮命名。此处省略。

步骤 2 新建装配体。单击"新建"按钮 ,在"新建 SolidWorks 文件"对话框中选择"装配体"模板,单击"确定"按钮。

步骤 3 插入"座体"零件。单击"浏览..."按钮,找到"座体"零件立体,在建模区单击鼠标左键,把座体插入到该点处。

注意:此时装配体特征树如图 5.11 所示。其中,座体前显示为(固定),表示该装配体中它是固定不动的,以方便以后的运动分析等操作,后面显示 <1> 表示该装配体中该零件的个数。需要修改零件在装配体中的"固定"属性,可以用鼠标右击图 5.11 处,从弹出的快捷菜单中选中"浮动",让该零件不固定。另外,根据实际情况,一个装配体中一般要有一个固定的零

119

件。对于非固定零件,前面会有(﹣)或者(﹢),(﹣)表示该零件非全约束,(﹢)表示该零件全约束。

图 5.7　装配体中"座体"零件图

图 5.8　装配体中"轴"零件图

图5.9　装配体中"卡环"零件图　　　　图5.10　装配体中"滑轮"零件图

步骤4　插入"轴"零件,并添加配合。

①单击"插入部件"按钮🖱,再单击"浏览…"按钮,找到"轴"零件立体,在建模区单击鼠标左键,把轴插入该点处,如图5.12所示。

图5.11　装配体特征树　　　　　　　　　图5.12　插入"轴"零件

②单击"配合"按钮🖉,分别选中轴的外圆柱面和座体孔的内圆柱面,从弹出的如图5.13所示的快捷菜单中选中"同轴"◎配合(系统已经默认选中该配合),单击最后面的✔,完成该配合。结果如图5.14所示。

图5.13　选择配合的快捷菜单　　　　　　图5.14　"同轴"配合后的结果

③再次分别选中轴的右大直径端左端面和座体孔的右端面,从弹出的快捷菜单中选中"重合"人配合(系统已经默认选中该配合),单击最后面的✔,完成该配合。结果如图5.15所示。单击"配合属性管理器"前面的✔,完成"轴"零件的配合设置。

121

步骤5 插入"滑轮"零件,并添加配合。

①单击"插入部件"按钮 ,再单击"浏览…"按钮,找到"滑轮"零件立体,在建模区单击鼠标左键,把滑轮插入该点处,如图5.16所示。

图5.15 "重合"配合后的结果          图5.16 插入"滑轮"零件

②单击"配合"按钮 ,分别选中轴的外圆柱面和滑轮孔的内圆柱面,从弹出的快捷菜单中选中"同轴" 配合(系统已经默认选中该配合),单击最后面的 ,完成该配合。结果如图5.17所示。

③再次分别选中轴的中部右边槽的左端面和滑轮的右端面,从弹出的快捷菜单中选中"重合" 配合(系统已经默认选中该配合),单击最后面的 ,完成该配合。结果如图5.18所示。单击"配合属性管理器"前面的 ,完成"滑轮"零件的配合设置。

图5.17 "同轴"配合后的结果          图5.18 "重合"配合后的结果

步骤6 插入"卡环"零件,另外复制两个,并分别添加配合。

①再次单击"插入部件"按钮 ,再单击"浏览…"按钮,找到"卡环"零件立体,在建模区单击鼠标左键,把卡环插入该点处,如图5.19所示。

②按住"Ctrl"键,用鼠标左键点击卡环面不放,拉动卡环零件到另外的地方放开鼠标,生成第二个卡环,用同样方法生成第三个卡环,如图5.20所示。

③对每个卡环适当地增加"同轴"配合和"重合"配合,结果如图5.21所示。

讨论:a.图5.21已经装配好,但是由于每个零件采用了相同的外观,分辨不清楚各个零件的位置,可以为每个零件赋予不同的外观,便于观察。赋予外观的方法是,鼠标右击选中该零件,从弹出的快捷菜单中选中"外观"下的"编辑颜色",从弹出的颜色编辑器中选择恰当的颜色,如图5.22所示。

图 5.19　插入"卡环"零件　　　图 5.20　复制另外两个卡环　　　图 5.21　配合好三个卡环的结果

图 5.22　编辑颜色后的效果

（2）在装配体积比较小的零件时，添加了一个配合后，零件可能进入体积比较大的零件内部，不方便观察。此时，可以把体积大的零件显示改为透明，甚至隐藏。单击图 5.22 左图上对应按钮即可。图 5.23 是图 5.22 右边装配体中把"座体"更改为透明的效果，图 5.24 是图 5.22 右边装配体中隐藏了"座体"后的效果。

图 5.23　"座体"改为透明后的效果

图 5.24　"座体"隐藏后的效果

## 5.2.2　装配实例 2

先用图 5.25 至图 5.27 给定的对应零件图创建相应零件，然后创建如图 5.28 所示的滚动轴承示意装配模型。

步骤 1　分别创建各个零件的三维模型图，分别以"外环""内环""滚珠"命名。此处省略。

步骤 2　新建装配体。单击"新建"按钮，在"新建 SolidWorks 文件"对话框中选择"装配体"模板，单击"确定"按钮。

步骤 3　插入"内环"零件。单击"浏览..."按钮，找到"内环"零件立体，在建模区单击鼠

图 5.25　外环　　　　　　　　图 5.26　内环　　　　　图 5.27　滚珠

标左键,把"内环"插入该点处。

步骤 4　插入"外环"零件,并添加配合。

①单击"浏览…"按钮,找到"外环"零件立体,在建模区单击,把"外环"插入该点处。

②单击"配合"按钮 🖿 ,分别选中内环的外环面和外环的内环面,从弹出的快捷菜单中选中"同轴" ◎ 配合(系统已经默认选中该配合),单击最后面的 ✓ ,完成该配合。再次分别选中内环的端面和外环的端面,从弹出的快捷菜单中选中"重合" ⅄ 配合(系统已经默认选中该配合),单击最后面的 ✓ ,完成该配合。结果如图 5.29 所示。

图 5.28　滚动轴承示意装配模型　　　　　图 5.29　内外环装配

步骤 5　插入"滚珠"零件,并添加配合。

①单击"浏览…"按钮,找到"滚珠"零件立体,在建模区单击,把"滚珠"插入该点处。

②单击"配合"按钮 🖿 ,分别选中内环 $R4.9$ 的圆弧面和滚珠的球面,从弹出的如图 5.30 所示的快捷菜单中选中"相切" ⅄ 配合(系统已经默认选中该配合),单击最后面的 ✓ ,完成该配合。结果如图 5.31 所示。

图 5.30  快捷菜单                    图 5.31  装配好一个滚珠

步骤 6  圆周阵列"滚珠"零件,完成装配。单击"线形阵列"命令下的"圆周阵列"按钮 ,打开显示"临时轴",以"临时轴"为阵列轴,360°等间距阵列 11 个,参数如图 5.32 所示。把"滚珠"阵列 11 个,完成装配,结果如图 5.33 所示。

图 5.32  "圆周阵列"参数设置                图 5.33  装配好结果

### 5.2.3  装配实例 3

先用给定的零件图创建相应零件,然后创建如图 5.38 所示的装配体模型。

图 5.34  左合页零件图

125

图 5.35 右合页零件图

图 5.36 小轴零件图

图 5.37 简易螺钉

步骤 1 分别建立各个零件的立体图,分别以"左合页""右合页""小轴"命名。此处省略。

步骤 2 新建装配体。单击"新建"按钮⬜,在"新建 SolidWorks 文件"对话框中选择"装配体"模板,单击"确定"按钮。

步骤 3 插入"左合页"零件。单击"浏览..."按钮,找到"左合页"零件立体,在建模区单击,把"左合页"插入该点处。

步骤 4 插入"右合页"零件,并添加配合。

①单击"浏览..."按钮,找到"右合页"零件立体,在建模区单击,把"左合页"插入该点处。

②单击"配合"按钮✎,分别添加"同轴"和"重合"配合,完成左右合页配合,如图 5.39所示。

图 5.38 合页装配体

图 5.39 左右合页配合

步骤 5 插入"小轴"零件,并添加配合。

①单击"浏览..."按钮,找到"小轴"零件立体,在建模区单击,把"小轴"插到该点处。此时会观察到"小轴"的长度和"合页"的长度是不一样的,为保证"小轴"的左右伸出的长度一

致,需要添加"宽度"配合。

②单击"配合"按钮💊,分别添加"同轴"配合;单击"高级配合"中的"宽度"配合按钮🔟,宽度选择为"小轴"的左右端面,薄片选择为左合页的左右端面,如图 5.40 所示。结果如图5.41所示。

图 5.40　宽度配合参数设置　　　　　图 5.41　添加宽度配合

步骤 6　为"左合页"和"右合页"添加"高级配合"中的"角度"配合,以保证合页的运动正确性。

此时旋转"右合页",发现它是可以穿过"左合页"立体的,不符合实际运动规律。因此为它们添加"高级配合"中的"角度"配合,限制其运动的角度。单击"高级配合"中的"角度"配合,选中"左合页"的右面和"右合页"的左面,设置参数如图 5.42 所示。结果如图 5.43 所示。此时再去转动"右合页",就会发现"右合页"只能在 0°~90°旋转。

图 5.42　角度配合参数设置　　　　　图 5.43　添加角度配合

步骤 7　插入"螺钉"零件,添加适当配合,并"线性陈列"。插入"螺钉"零件,添加"同轴"和"重合"配合,如图 5.44 所示。单击"线性陈列"按钮🔣,选择"左合页"长度方向边线为方向1,间隔40,数目为3,选择宽度方向边线为方向2,间隔40,数目为2,如图 5.45 所示。结果如图5.46所示。

步骤 8　用同样的方法在"右合页"孔中插入"螺钉"零件,添加适当配合并"线性陈列",结果如图 5.47 所示。

图 5.44　插入"螺钉"　　　　　图 5.45　"线性陈列"参数设置

图 5.46　"线性陈列""螺钉"　　　　图 5.47　再次"线性陈列"得到结果

# 5.3　使用装配体

装配体建立好后,可以使用装配体进行必要的分析和研究,常用的有分析装配体、装配体爆炸图和装配体运动分析。

## 5.3.1　分析装配体

装配体建立好后,可以对装配体进行必要的分析,看该装配是否符合设计需求。其中,最常用的是干涉检查和质量特性。

干涉检查是检查零部件之间是否存在边界冲突、干涉发生在何处的一种直观检查。单击"评估"命令管理器,其显示如图 5.48 所示。

图5.48　"评估"命令管理器

　　单击"干涉检查"按钮![icon]，选中装配体，再单击"计算"按钮，其结果中会显示干涉处及其干涉体积，如图5.49所示。如果有干涉，设计师需要查明原因，看是否符合设计要求。

　　质量特性是装配体质量属性的统计，可以用于质量计算和力学分析。单击"质量属性"按钮![icon]，便可以统计出该装配体的质量数据，如图5.50所示。在统计前一般需要对每个零件设置材料属性，如果某个零件没有设置，SolidWorks会使用默认的材料属性（密度1 000 kg/m³）进行计算。

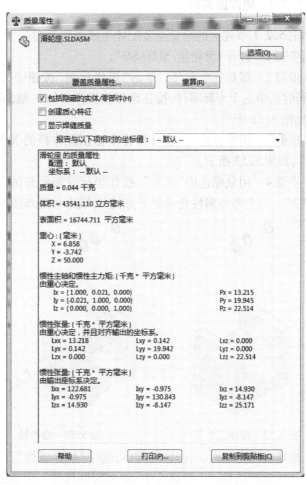

图5.49　"干涉检查"及其结果　　　　　　图5.50　"质量特征"统计结果

### 5.3.2　装配体爆炸图

　　爆炸图是一种能直观生动地反映零件之间关系的一种立体效果图。一个爆炸图可以包含一个或者多个爆炸步骤，每个爆炸图保存在所生成的装配体的配置中，每个配置可以有一个爆炸图。

图 5.51　坐标状操作杆

生成爆炸图的方法和步骤如下：

①单击"爆炸视图"按钮，弹出"爆炸"属性管理器。

②选中要爆炸的零件，该零件上会显示坐标系统状的操作杆，如图 5.51 所示。选中操作杆的某根轴，拖动鼠标以拉动零件位置，在恰当的地方松开鼠标，便可以生成一步爆炸。

③重复上一步，生成多个零件的多个爆炸步骤。

④单击"完成"按钮，单击爆炸属性管理器下方的✓，结束爆炸图的生成。

### 5.3.3　爆炸图实例

把 5.2.1 节建立的滑轮座装配体生成爆炸视图。

步骤 1　打开"滑轮座.SLDASM"。

步骤 2　爆炸三个卡环。单击"爆炸视图"按钮，弹出"爆炸"属性管理器；按住"Ctrl"键，同时选中三个卡环零件，按住坐标状操作杆的 Y 轴，向上拉动一定的距离，生成"爆炸步骤1"，如图 5.52 所示。

步骤 3　用鼠标选中"轴"，按住坐标状操作杆的 X 轴，向右拉动一定距离，生成"爆炸步骤 2"，如图 5.53 所示。

步骤 4　用鼠标选中"滑轮"，按住坐标状操作杆的 Y 轴，向上拉动一定距离，生成"爆炸步骤 3"。单击爆炸属性管理器下方的✓，结束该爆炸图的生成。结果如图 5.54 所示。

图 5.52　爆炸三个卡环　　　　图 5.53　爆炸轴　　　　图 5.54　爆炸滑轮

爆炸视图完成后，右击该装配体，选中"解除爆炸"，就可以让爆炸视图回到没有生成爆炸视图前的装配效果。也可以选中"动画解除爆炸"，从如图 5.55 所示的动画控制器中控制解除爆炸的动画效果，也可以保存该动画效果。单击"动画控制器"上的"保存动画"按钮，就会弹出"保存动画到文件"对话框，如图5.56所示，即可保存该动画。注意：如果是已经解除了爆炸的装配体，就可以选择"爆炸"或者"动画爆炸"。

图 5.55　动画控制器

图 5.56　"保存动画到文件"对话框

### 5.3.4　装配体动画与运动仿真

装配体装配好了之后,可以对其进行运动分析。SolidWorks 2016 提供了三种形式展示装配机构的运动效果,分别是"动画""基本运动"和"Motion 分析"。

"动画"在 SolidWorks 核心内使用。可使用"动画"来表达和显示装配体的运动:通过添加马达来驱动装配体中一个或多个零件的运动。通过设定键码点在不同时间规定装配体零部件的位置。动画使用插值来定义键码点之间零部件的运动。

"基本运动"在 SolidWorks 核心内使用。可使用"基本运动"在装配体上模仿马达、弹簧、碰撞和引力。"基本运动"在计算运动时要考虑到质量。"基本运动"计算相当快,所以可将其用来生成使用基于物理模拟的演示性动画。

"Motion 分析"在 SolidWorks 的 SolidWorks Motion 插件中使用。可利用"Motion 分析"功能对装配体进行精确模拟和运动单元的分析(包括力、弹簧、阻尼和摩擦)。"Motion 分析"使用计算能力强大的动力学求解器,在计算中考虑到了材料属性和质量及惯性。还可使用"Motion 分析"来标绘模拟结果供进一步分析。

要使用"Motion 分析",需要激活 SolidWorks Motion 插件。在"SolidWorks 插件"命令管理

器中单击"SolidWorks Motion"按钮🔩,即可激活 SolidWorks Motion 插件。单击窗体下部的"运动算例 1",可以进入运动算例界面,如图 5.57 所示。

图 5.57 运动算例界面

注意:在界面的左上角的"动画"下拉框中还有"基本运动"和"Motion 分析"另外两个可选项。

### 5.3.5 装配动画实例

把 5.3.3 节建立的滑轮座装配体生成爆炸动画。

步骤 1 打开 5.3.3 节生成爆炸视图的"滑轮座.SLDASM"。

步骤 2 生成"旋转"动画。选择"动画"模式,单击"动画向导"按钮🪄,从弹出的"选择动画类型"中选中"旋转模型",如图 5.58 所示;单击"下一步"按钮,从弹出的"选择—旋转轴"中选中"Y 轴",如图 5.59 所示;单击"下一步"按钮,从弹出的"动画控制选项"中修改时间长度为 5 s,如图 5.60 所示;单击"完成"按钮,完成第一部分 5 秒钟的动画设置。

图 5.58 "选择动画类型"对话框

132

图 5.59  "选择—旋转轴"对话框

图 5.60  "动画控制选项"对话框

步骤 3  用同样的方法生成"爆炸"动画。选择"动画"模式,再次单击"动画向导"按钮
,从弹出的"选择动画类型"中选中"爆炸",注意修改"动画控制选项"中时间长度为 5 秒,开

133

始时间为第5秒,如图5.61所示。

图 5.61 "动画控制选项"对话框

步骤4 用同样的方法生成"解除爆炸"动画。选择"动画"模式,再次单击"动画向导"按钮👉,从弹出的"选择动画类型"中选中"解除爆炸",注意修改"动画控制选项"中时间长度为5秒,开始时间为第10秒,如图5.62所示。

图 5.62 "动画控制选项"对话框

完成上面步骤之后,可以看到运动算例界面中的时间轴上生成了很多的控制码,用于控制动画。

步骤5 保存动画。单击"保存动画"按钮▦,弹出"保存动画到文件"对话框,设置必要的动画生成参数后就可以保存该动画。

如果设计师需要更精确、更接近实际的运动效果,则需要采用利用"Motion 分析"功能。在"Motion 分析"功能中,可以设置"马达""弹簧"和"阻尼"等,对装配体进行精确模拟和运动单元的分析(包括力、弹簧、阻尼和摩擦),也可以输出直观的各种力或者加速度的图表,便于设计师理解装配体中各个零件的各种性能。

## 5.4 Toolbox 标准件库的使用

### 5.4.1 概述

Toolbox 是 SolidWorks 免费提供的标准零件和常用件库,它与 SolidWorks 是合为一体的。使用时,设计师只需要单击界面右边的"设计库"按钮▦,就可以弹出"设计库"属性页,如图5.63所示。"Design Library"为设计库,其中包含许多设计中常用的结构和部件,如图 5.64 所示。单击"Toolbox"按钮▦或者单击"SOLIDWORKS 插件"命令管理器中的"SOLIDWORKS Toolbox"按钮▦,就可以使用 Toolbox 提供的各种标准零件和常用件,如图 5.65 所示。

图5.63 "设计库"属性页        图5.64 "设计库"中包含的常用设计部件

单击所希望采用的设计规范的图标,如"GB"▦按钮,就可以展开该标准下面包含的标准件和常用件。"GB"下包含的标准件和常用件如图5.66 所示。

依次单击需要采用的标准件和常用件图标,如单击图 5.66 中的"bolts and studs",各种标准件如图 5.67 所示;单击图 5.67 中的"六角头螺栓",各种六角头螺栓及其对应国家标准如图 5.68 所示。

图 5.65　Toolbox 提供的各个国家或者行业的标准件和常用件库

图 5.66　"GB"下包含的标准件和常用件　　　　图 5.67　"bolts and studs"下标准件

图 5.68  "六角头螺栓"下标准件(部分)　　　图 5.69  右键快捷菜单

　　鼠标右击需要使用的六角头螺栓,如"十字槽凹穴六角头螺栓 GB/T 29.2—1988",弹出如图 5.69 所示快捷菜单:

　　①从中选择"配置...",就会弹出"Toolbox"配置页面,如图 5.70 所示,可以进行"Toolbox"自定义配置。

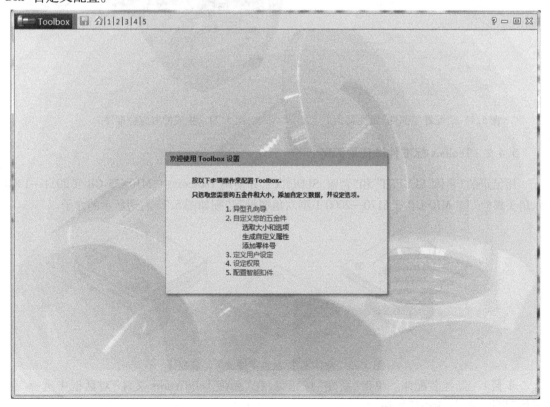

图 5.70  "Toolbox"自定义配置界面

②从中选择"插入到装配体…",就会在打开的装配体文件中生成一个对应标准件,并弹出"配置零部件"属性页,如图 5.71 所示。修改其属性并添加"零件号"后,单击"配置零部件"属性页上方的 ✓,就可以生成对应属性大小的标准件,如图 5.72 所示,也就可以在后面的装配或者建模中使用该标准件。

③从中选择"生成零件…",也会弹出如图 5.71 所示的"配置零部件"属性页。修改属性并添加"零件号"后,单击"配置零部件"属性页上方的 ✓,就可以生成该零件。这和"插入到装配体…"选项的区别只是没有把零件插入装配体中,单独新建并生成了一个零件,并且注意这个零件是"只读"的。如果要在该零件的基础上进行编辑,最好把这个零件用"另存为…"的方式保存到设计师自己的工作目录下,以便后面的编辑。

图 5.71　"配置零部件"属性页　　　　　图 5.72　生成的对应标准件

### 5.4.2　Toolbox 标准件库使用实例

用给定的"盒体.SLDPRT"和"盒盖.SLDPRT",并使用 Toolbox 中"M10X35 GB/T 29.1—1988 六角头螺栓"和"M10 GB/T 6170—2000 1 型六角螺母"装配如图 5.73 右边所示的盒子。

图 5.73　盒体零件、盒盖零件及最终装配体

**步骤 1**　新建装配体。单击"新建"按钮 🗋,在"新建 SolidWorks 文件"对话框中选择"装配体"模板,单击"确定"按钮。

步骤 2　插入"盒体"零件。单击"浏览..."按钮,找到"盒体"零件立体,在建模区单击,把座体插入该点处。

步骤 3　插入"盒盖"零件并添加配合。

①单击"浏览..."按钮,找到"盒盖"零件立体,在建模区单击,把盒盖插入该点处。

②单击"配合"按钮✎,分别添加孔"同轴"、上下表面"重合"、左表面"重合"等配合,完成盒盖与盒体的配合,如图 5.74 所示。

步骤 4　插入标准件 M10X35 GB/T29.1—1988 六角头螺栓(六角头头部带槽螺栓 A 级和 B 级)。单击"Toolbox",从中选取"GB",再选中"bolts and studs",再单击"六角头螺栓",右击第四个图标——"六角头头部带槽螺栓 A 级和 B 级 GB/T29.1—1988",从弹出的快捷菜单中选中"插入到装配体...",修改"配置零部件"属性页,如图 5.75 所示。插入 M10X35 六角头螺栓到装配体中,如图 5.76 所示。

步骤 5　配合标准件 M10X35 GB/T29.1—1988 六角头螺栓。单击"配合"按钮✎,分别添加孔"同轴"和上下表面"重合"的配合,完成六角头螺栓配合,如图 5.77 所示。

图 5.74　盒盖盒体配合　　图 5.75　修改"配置零部件"属性页

图 5.76　插入 M10X35 标准件

图 5.77　配合六角头螺栓

步骤 6 插入标准件 M10 GB/T 6170—2000 1 型六角螺母。单击"Toolbox",从中选取"GB",再选中"螺母",再单击"六角螺母",右击第四个图标——"1 型六角螺母 GB/T 6170—2000",从弹出的快捷菜单中选中"插入到装配体…",修改"配置零部件"属性页,如图 5.78 所示。插入 M10 六角螺母到装配体中,如图 5.79 所示。

步骤 7 配合标准件 M10 六角螺母。单击"配合"按钮◈,分别添加孔"同轴"和上下表面"重合"的配合,完成六角螺母配合,如图 5.80 所示。

图 5.78 修改"配置零部件"属性页　　图 5.79 插入 M10 的螺帽　　图 5.80 配合 M10 的螺帽

步骤 8 矩形阵列"六角头螺栓"和"六角螺母"。选用"线性零部件陈列"命令,修改"线性阵列"属性页,如图 5.81 所示。最终结果如图 5.82 所示。

图 5.81 修改"线性阵列"属性页

图 5.82 最终结果

## 5.5　装配练习题

练习 1　看懂图 5.83 至图 5.87 所示的零件图和图 5.88 所示的装配图,创建相关零件模型并组装成装配体,然后生成爆炸视图及爆炸动画。

图 5.83　阀体零件图

技术要求:
1. 未注圆角 R2
2. 未注倒角 C1

图 5.84　阀盖零件图

图 5.85　锥形塞零件图

图 5.86　螺钉 *M*10 零件图

图 5.87　垫圈零件图

图 5.88 柱塞阀装配图

练习 2 看懂如图 5.89 所示的零件图和如图 5.90 所示的装配图,创建相关零件模型并组装成装配体,然后生成爆炸视图及爆炸动画。

图 5.89　微型千斤顶零件图

| 序号 | 零件名称 | 数量 | 材料 | 备注 |
|---|---|---|---|---|
| 4 | 导向螺钉 | 1 | 35 | |
| 3 | 调整螺母 | 1 | 45 | |
| 2 | 顶杆 | 1 | 45 | |
| 1 | 底座 | 1 | HT150 | |

| | | | |
|---|---|---|---|
| 考生姓名 | | 图号 | CADH1-14-3 |
| 准考证号码 | | 比例 | 1:1 |
| 身份证号码 | | | 微型千斤顶 |
| 评卷姓名 | | | |

图 5.90　微型千斤顶装配图

练习 3　看懂如图 5.91 至图 5.97 所示的零件图和图 5.98 所示的装配图,创建相关零件模型并组装成装配体,然后生成爆炸视图及爆炸动画。

图 5.91　带轮零件图

图 5.92　衬套零件图

图 5.93　轴零件图

技术要求：
未注倒角C1

图 5.94　填料压盖零件图

图 5.95　填料零件图

技术要求:
1. 未注倒角C0.5;
2. 未注圆角R3。

图5.96  托架零件图

| 模 数 | $m$ | 4 |
|---|---|---|
| 齿 数 | $z$ | 20 |
| 齿形角 | $\alpha$ | |
| 齿顶高系数 | $h_a^*$ | |
| 径向变位系数 | $x$ | 0 |
| 精度等级 | | 7 GB/T 10095.1 |
| 检验项目 | 检验项目代号 | 公差/或极限偏差/ |
| 齿距累计总偏差 | $F_p$ | 0.039 |
| 单个齿距偏差 | $\pm f_{pt}$ | ± 0.013 |
| 齿廓总偏差 | $F_a$ | 0.019 |

技术要求:
1. 未注倒角C1.5;
2. 未注圆角R3。

图5.97  齿轮零件图

148

| 序号 | 零件名称 | 数量 | 材料 | 备注 |
|---|---|---|---|---|
| 13 | 双头螺柱M8×40 | 2 | 35 | GB/T 898 |
| 12 | 螺母M16 | 2 | 35 | GB/T 6170 |
| 11 | 键6×22 | 1 | 45 | GB/T 1096 |
| 10 | 齿轮m=4, z=20 | 1 | 45 | |
| 9 | 托架 | 1 | ZG35 | |
| 8 | 填料 | 1 | | |
| 7 | 填料压盖 | 1 | HT200 | |
| 6 | 轴 | 2 | 20Ar79-4 | |
| 5 | 衬套 | 2 | 45 | |
| 4 | 镜 | 1 | | |
| 3 | 带轮 | 1 | HT200 | |
| 2 | 垫圈 | 2 | 35 | GB/T 972-85-16 |
| 1 | 螺母M16 | 2 | 35 | GB/T 6170 |

| 题号 | | | | |
|---|---|---|---|---|
| 比例 | | | | 1:1 |

传动机构

考生姓名
性别
身份证号码
准考证号码

图 5.98 传动机构装配图

练习 4 看懂图 5.99 至图 5.107 所示的零件图和图 5.108 所示的装配图,创建相关零件模型并组装成装配体,然后生成爆炸视图及爆炸动画。

图 5.99　螺母零件图

图 5.100　垫片零件图

图 5.101　阀体零件图

技术要求：
未注倒角C2

技术要求：
未注倒角C1

图 5.102　填料零件图　　　　　　　图 5.103　压盖零件图

图 5.104　阀杆零件图

图 5.105　轴零件图

图 5.106 压杆零件图

图 5.107 把手零件图

| 11 | 销2.5×16 | 1 | Q235-A | |
| 10 | 手把 | 1 | 塑料 | |
| 9 | 压杆 | 1 | Q235-A | |
| 8 | 轴 | 1 | 40 | |
| 7 | 阀杆 | 1 | Q235-A | |
| 6 | 压盖 | 1 | Q235-A | |
| 5 | 填料 | 1 | 石棉绳 | |
| 4 | 阀体 | 1 | HT200 | |
| 3 | 弹簧3×18×55 | 1 | 碳素弹簧钢丝Ⅱ组 | |
| 2 | 垫片 | 1 | 纸片 | |
| 1 | 螺母 | 1 | Q235-A | |
| 序号 | 零件名称 | 数量 | 材料 | 备注 |
| 考生姓名 | | | 题号 | |
| 性别 | | | 比例 | 1:2 |
| 身份证号码 | | | 手压阀 | |
| 准考证号码 | | | | |

图 5.108　手压阀装配图

练习 5　看懂图 5.109 至图 5.112 所示的零件图和图 5.113 所示的装配图,创建相关零件模型并组装成装配体,然后生成爆炸视图及爆炸动画。

153

图 5.109　旋塞阀壳零件图

技术要求：
未注圆角 R2

其余 12.5

图 5.110　旋塞盖零件图

技术要求：
未注倒角 C1

图 5.111　填料压盖零件图

图 5.112　旋塞零件图

图 5.113 旋塞阀装配图

| 9 | 螺柱M6×12 | 4 | 工业用纸 | | GB/897—2000 |
|---|---|---|---|---|---|
| 8 | 垫片 | 1 | 麻 | | |
| 7 | 填料 | 1 | ZcuSn10pb1 | | |
| 6 | 旋塞 | 1 | | | GB6170—1985 |
| 5 | 螺母M6 | 6 | | | GB/T 898—2000 |
| 4 | 螺柱M6×12 | 2 | HT150 | | |
| 3 | 填料压盖 | 1 | HT150 | | |
| 2 | 旋塞盖 | 1 | HT150 | | |
| 1 | 旋塞阀壳 | 1 | | | |
| 序号 | 零件名称 | 数量 | 材料 | 备 注 | |
| 考生姓名 | | 性别 | | 题号 | |
| 身份证号码 | | | | 比例 | 1:1 |
| 准考证号码 | | | | | 旋塞阀 |

练习6　看懂图5.114至图5.119所示的零件图和图5.120所示的装配图,创建相关零件模型并组装成装配体,然后生成爆炸视图及爆炸动画。

技术要求:
1. 未注圆角R3-R5
2. 未注倒角C1

图 5.114　手轮零件图

技术要求: 未注倒角C1

图 5.115　轴套零件图

157

技术要求：未注倒角C1

图 5.116　螺杆零件图

图 5.117　支架零件图

技术要求：
1. 未注圆角R2－R3
2. 未注倒角C1

技术要求：
1. 未注倒角为 C1
2. 未注圆角为 R1~R3

图 5.118　导套零件图

技术要求：未注倒角 C1

图 5.119　导杆零件图

| 序号 | 名 称 | 数量 | 材 料 | 备 注 |
|---|---|---|---|---|
| 13 | | 1 | 45 | GB65—85 |
| 12 | | 1 | 45 | |
| 11 | | 1 | 35 | |
| 10 | | 1 | HT150 | |
| 9 | | 1 | 35 | GB75—85 |
| 8 | | 1 | 45 | |
| 7 | | 1 | 45 | GB75—85 |
| 6 | | 1 | 35 | GB73—85 |
| 5 | | 1 | 35 | |
| 4 | 垫圈 | 1 | 35 | GB71—85 |
| 3 | 人 | 1 | 塑料 | |
| 2 | 紧定螺钉M5×8 | 1 | | |
| 1 | 手轮 | 1 | | |

| 考生姓名 | | | | | |
| 性别 | | 题号 | | 微调机构 | |
| 身份证号码 | | 比例 | 1:1 | | |
| 准考证号码 | | | | | |

工作原理：当手轮(1)转动时带动螺杆(7)转动，
螺杆转动带动导杆(13)作前后移动。

图 5.120　微调机构装配图

练习7　看懂图 5.121 所示的装配图，创建相关零件模型并组装成装配体，然后生成爆炸视图及爆炸动画。

| 17 | 螺母M6 | 2 | QZ35 | GB6170—1986 | 6 | 泵体 | 1 | HT200 | |
|---|---|---|---|---|---|---|---|---|---|
| 16 | 螺栓M6×30 | 2 | QZ35 | GB5782—1986 | 5 | 垫片 | 2 | 纸 | |
| 15 | 螺钉M6×16 | 12 | 35 | GB70—1985 | 4 | 销A5×18 | 4 | 45 | GB119—1986 |
| 14 | 轴5×10 | 1 | 45 | GB1095—1979 | 3 | 传动齿轮轴 | 1 | 45 | |
| 13 | 螺母M12×1.5 | 1 | 35 | GB6170—1986 | 2 | 齿轮轴 | 1 | 45 | |
| 12 | 垫圈2 | 1 | 65Mn | GB95—1985 | 1 | 左端盖 | 1 | HT200 | |
| 11 | 传动齿轮 | 1 | 45 | m=2.5,z=20 | 序号 | 名称 | 件数 | 材料 | 备注 |
| 10 | 压紧螺母 | 1 | 35 | | | | 比例 | 共　张 | |
| 9 | 轴套 | 1 | ZCn5Ph5Zn5 | | | 齿轮泵 | 数量 | 第　张 | |
| 8 | 密封圈 | 1 | 橡胶 | | 制图 | | | (校名) | |
| 7 | 右端 | 1 | HT200 | | 校核 | | | | |

图 5.121　齿轮泵装配图

练习 8　看懂图 5.122 所示的装配图,设计出相关零件并建模,然后组装成装配体,最后生成爆炸视图及爆炸动画。

图 5.122　溢流阀装配图

练习 9　看懂图 5.123 所示的装配图,设计出相关零件并建模,然后组装成装配体,最后生成爆炸视图及爆炸动画。

| 14 | | 垫圈 8-140HV | 2 | | | GB/T 97.1—1985 |
| 13 | | 螺母 M8 | 2 | | | GB/T 6170—2000 |
| 12 | | 螺柱 M8 × 25 | 2 | | | GB/T 898—1988 |
| 11 | | 下阀瓣 | 1 | H68 | | |
| 10 | | 阀体 | 1 | ZL102 | | |
| 9 | | 上阀瓣 | 1 | H68 | | |
| 8 | | 垫片 | 1 | 橡胶 | | |
| 7 | | 阀盖 | 1 | ZL102 | | |
| 6 | | 垫片 | 1 | 橡胶 | | |
| 5 | | 衬套 | 1 | QSn4-4-2.5 | | |
| 4 | | 泵体 | 1 | ZL102 | | |
| 3 | | 填料 | 1 | 油麻绳 | | |
| 2 | | 压盖 | 1 | ZL102 | | |
| 1 | | 柱塞 | 1 | 45 | | |
| 序号 | 考生姓名 | 名称 | 数量 | 材料 | | 备注 |
| | 性别 | 身份证号码 | | 比例 | 1:1 | 柱塞泵 |
| | 准考证号码 | | | 题号 | | |

图 5.123　柱塞泵装配图

163

# 第 6 章
## 工程图及实例

工程图是用来表达三维模型的二维图样,包括一组视图、完整的尺寸、技术要求及标题栏等内容。工程图文件是 SolidWorks 设计文件的一种,其后缀名为" * . soldrw"。SolidWorks 可以根据三维模型创建工程图,且创建的工程图与三维模型全相关。当对三维模型进行修改时,所有相关的工程视图将自动更新;反之,当在一个工程图中修改尺寸时,系统也自动将相关三维模型的相应结构的尺寸进行更新。SolidWorks 提供了强大的工程图设计功能,包括投影视图、剖面视图、局部视图等。本章将详细介绍工程图的创建及编辑。

## 6.1 工程图绘制环境的设置

### 6.1.1 工程图的图纸格式

**(1)标准图纸格式**

在设计一张工程图之前,需要对图纸格式进行设置。SolidWorks 提供了各种标准图纸大小的图纸格式。

从菜单栏中选择"文件"→"新建"命令,弹出"新建 SolidWorks 文件"对话框,如图 6.1 所示。单击对话框中的"高级"按钮,弹出"模板"对话框,如图 6.2 所示。选择需要的工程图模板,单击"确定"按钮,进入工程图设计界面。

**(2)编辑图纸格式**

生成一个工程图文件后,还可以随时对图纸大小、图纸格式、绘图比例、投影类型等图纸细节进行修改。在"特征管理器设计树"中右击 图纸1 图标,或者在工程图纸的空白区域右击,在弹出的快捷菜单中选择"属性",如图 6.3 所示。打开"图纸属性"对话框,然后按图 6.4 设置名称、绘图比例、投影类型和图纸格式等选项。最后单击对话框中的"确定"按钮,此时图纸页面出现在绘图窗口中。

图 6.1 "新建"对话框

图 6.2 "模板"对话框

图 6.3　选择"属性"命令

图 6.4　"图纸属性"对话框

### 6.1.2　工程图的图形属性

工程图是按一定投影规律和绘图标准得到的技术文件,在工程图绘制前首先要进行相关设置,使之符合国家的绘图标准。SolidWorks 提供了一套完整的国标方案。

从菜单栏中选择"工具"→"选项"命令,弹出"选项"对话框,选择"文档属性"选项卡,再单击"总绘图标准",选择"GB",工程图的其他文档属性可在注解、尺寸、表格、出详图等主题中设置,如图 6.5 所示;单击"系统选项"选项卡,在"工程图"显示类型、区域剖面线/填充主题中设置工程图的系统选项,如图 6.6 所示;然后单击"确定"按钮,关闭对话框。

图 6.5　"文档属性"对话框

图 6.6 "系统选项"对话框

## 6.2 工程图的创建与编辑

SolidWorks 提供多种绘图视图,其中包括标准三视图、投影视图、剖面视图、辅助视图、局部放大视图等,用户可以根据需要生成各种三维模型的表达视图。

在生成工程图前,应首先创建零部件或装配体的三维模型,然后根据三维模型特点来创建视图,包括视图数量、表达方案等,如图 6.7 所示。

### 6.2.1 标准三视图

标准三视图能为创建的零部件或装配体的三维模型同时生成三个相关默认的正交视图,其主视图方向就是前视方向。标准三视图既可以是第一角画法的三视图,也可以是第三角画法的三视图,可按照图纸格式设置中的投影类型来选择。中国、德国和俄罗斯等采用第一视角投影法,美国、日本等国家采用第三视角投影法。

图 6.7　工程图

标准三视图创建步骤如下：

单击"视图布局"命令管理器上的"标准三视图"按钮 █，弹出"标准三视图"对话框，如图 6.8 所示。在"要插入的零件/装配体"中，单击"浏览"按钮，找到相应的立体文件，然后单击✓，关闭对话框。标准三视图如图 6.9 所示。

图 6.8　"标准三视图"对话框

图 6.9　标准三视图

### 6.2.2 模型视图

模型视图是创建的第一个视图,通常用来表达零件的主要结构。创建步骤如下:

单击"视图布局"命令管理器上的"模型视图"按钮 ⑧,或从菜单栏中选择"插入"→"工程视图"→"模型视图"命令,弹出"模型视图"对话框。在"要插入的零件/装配体"中单击"浏览"按钮,找到相应的立体文件,"模型视图"设置如图 6.10 所示。然后单击鼠标左键,确定"模型视图"的中心位置。单击✓,关闭对话框。模型视图如图 6.11 所示。

选定视图方向

选定显示样式

图 6.10 "模型视图"对话框　　　　　　图 6.11 模型视图

### 6.2.3 投影视图

模型创建后,就可以创建投影视图。投影视图是根据已有视图利用投影生成的视图,如俯视图、左视图、右视图、前视图、后视图和仰视图。

创建步骤如下:

①在已生成模型视图的基础上,单击"视图布局"命令管理器上的"投影视图"按钮 ⃤,或从菜单栏中选择"插入"→"工程视图"→"投影视图"命令,弹出"投影视图"对话框。

②在图纸区单击选择左上方的主视图。

③上、下、左、右及斜向拖动鼠标指针,在合适的位置单击,生成此方向的投影视图。投影视图如图 6.12 所示。

### 6.2.4 辅助视图

辅助视图即国标中规定的斜视图,用于表达机件的倾斜结构。辅助视图类似于投影视图,它的投影方向垂直于所选的参考边线。

辅助视图创建步骤如下:

①单击"视图布局"命令管理器上的"辅助视图"按钮 ⃕,或从菜单栏中选择"插入"→"工

图 6.12  投影视图

程视图"→"辅助视图"命令,弹出"辅助视图"对话框,勾选对话框中的"箭头"选项。

②选取要创建辅助视图的斜边,则在投影平面的法线方向上方出现一个辅助视图的预览效果。

③拖动鼠标指针到所需的位置,单击左键放置视图,如图 6.13 所示。

图 6.13  辅助视图

### 6.2.5  局部视图

局部视图即国标中规定的局部放大图,通常用放大的比例来显示某一局部形状。

局部视图创建步骤如下:

①先转换到"草图"命令管理器上,在需要放大的地方绘制一封闭的轮廓,如图 6.14(a)所示。

②选中此封闭轮廓,单击"视图布局"命令管理器上的"局部视图"按钮 $G_A$ ,或从菜单栏中选择"插入"→"工程视图"→"局部视图"命令,弹出"局部视图"对话框。在对话框中设置标注视图的名称和缩放比例。

③在绘图上选取要放置局部视图的位置,局部视图将显示封闭轮廓范围内的父视图区域,如图 6.14(b)所示。

封闭轮廓

(a)                    (b)

图 6.14  局部视图

### 6.2.6  剪裁视图

剪裁视图即国标中规定的局部视图,通过隐藏除了所定义区域之外的所有内容而突出某部分。剪裁视图没有生成新的视图,也没放大原有视图。剪裁视图可以剪裁除了局部视图或已有局部视图的父视图外的任何工程视图。

剪裁视图创建步骤如下:

①单击要创建剪裁视图的工程视图,转到"草图"命令管理器中,绘制一封闭的轮廓,如图 6.15(a)所示。

②选中此封闭轮廓,单击"视图布局"命令管理器上的"剪裁视图"按钮 ,或从菜单栏中选择"插入"→"工程视图"→"剪裁视图"命令。此时,剪裁轮廓以外的视图消失,生成剪裁视图,如图 6.15(b)所示。

封闭轮廓

(a)                    (b)

图 6.15  剪裁视图

### 6.2.7  断裂视图

断裂视图即国标中规定的断开画法。对于一些较长的零件(如轴、杆等)沿长度方向的形状一致或按一定规律变化时,可以用折断显示的断裂视图来表达。断裂视图可以用于多个视图,并可根据要求撤销断裂视图。

断裂视图创建步骤如下:

①单击要创建断裂视图的工程视图。

②单击"视图布局"命令管理器上的"断裂视图"按钮 ⑪，或从菜单栏中选择"插入"→"工程视图"→"断裂视图"命令。弹出"断裂视图"对话框,在对话框中设置折断缝隙大小和折断线样式,如图 6.16 所示。

图 6.16 "断裂视图"对话框

③左右拖动鼠标指针,在合适的位置单击放置第一断裂线和第二断裂线,生成断裂视图,如图 6.17 所示。

图 6.17 断裂视图

### 6.2.8 剖面视图

剖面视图是通过剖切线切割父视图而生成,属于派生视图,可以显示模型内部的形状和尺寸。剖面视图可以创建国标中规定的全剖视图、半剖视图、断面图。

对于全剖视图,根据剖切零件的形式又分为单一剖切平面剖切、几个平行的剖切平面剖切和几个相交的剖切平面剖切。下面以生成全剖视图为例,来介绍剖面视图的创建过程。

**(1)单一剖切平面**

创建步骤如下:

①单击要创建剖面视图的工程视图。

②单击"视图布局"命令管理器上的"剖面视图"按钮 ↕,或从菜单栏中选择"插入"→"工程视图"→"剖面视图"命令,弹出"剖面视图辅助"对话框。在对话框中选择剖面形式 剖面视图 和

切割线形式 ⊏ ,如图 6.18 所示。

③用一条剖切线穿过父视图中央,根据推理线和位置指示符确定剖切位置。系统弹出"剖视图 A—A"对话框,选择箭头方向,如图 6.19 所示。

图 6.18 "剖面视图辅助"对话框　　　　图 6.19 "剖面视图 A—A"对话框

④拖动鼠标指针,在合适的位置单击放置剖视图,生成剖面视图,如图 6.20 所示。

**(2)几个平行的剖切平面剖切(阶梯剖)**

创建步骤如下:

①单击要创建剖面视图的工程视图。

②单击"视图布局"命令管理器上的"剖面视图"按钮 ↕ ,或从菜单栏中选择"插入"→"工程视图"→"剖面视图"命令,弹出"剖面视图辅助"对话框,在对话框中选择剖面形式 剖面视图 和切割线形式 ⊏ 。

③用一条剖切线穿过父视图中央,绘图区出现如图 6.21 所示的"切割线编辑"对话框,选择单偏移形式,进一步确定剖切线形式。

④拖动鼠标指针,在合适的位置单击放置剖视图,生成剖面视图,如图 6.22 所示。

图6.20　全剖面视图(单一剖切剖面)　　　　图6.21　"切割线编辑"对话框

图6.22　全剖面视图(几个平行的剖切平面)

**(3)几个相交的剖切平面剖切(旋转剖)**

创建步骤如下：

①单击要创建剖面视图的工程视图,如图6.23(a)所示。

(a)　　　　　　　　　(b)　　　　　　　　　(c)

图6.23　全剖面视图(几个相交的剖切平面)

②单击"视图布局"命令管理器上的"剖面视图"按钮⇆,或从菜单栏选择"插入"→"工程

视图"→"剖面视图"命令,弹出"剖面视图辅助"对话框,在对话框中选择剖面形式 剖面视图 和切割线形式 ᐧᐧ 。

③用两条剖切线穿过父视图中央,调整剖切线位置,得到如图6.23(b)所示剖切线,确定剖切位置。

④拖动鼠标指针,在合适的位置单击放置剖视图,生成剖面视图,如图6.23(c)所示。

### 6.2.9 断开的剖视图

断开的剖视图即国标中规定的局部剖视图。断开的剖视图不是单独的视图,可以显示模型内部某一局部的形状和尺寸。

断开的剖视图创建步骤如下:

①单击要创建断裂视图的工程视图,转到"草图"命令管理器,用样条曲线绘制一封闭的轮廓,确定剖切区域,如图6.24所示。

②选中此封闭轮廓,单击"视图布局"命令管理器上的"断开的剖视图"按钮 ⬛ ,或从菜单栏中选择"插入"→"工程视图"→"断开的剖视图"命令,弹出"断开的剖视图"对话框,在对话框中输入剖切的深度值或选择一切割到的实体边线,如图6.25所示。

③单击 ✓ ,关闭对话框。生成断开的剖视图,如图6.26所示。

图6.24　剖切区域　　　　图6.25　"断开的剖视图"对话框　　　　图6.26　断开的剖视图

### 6.2.10 视图的编辑

在绘图页面中添加视图后,用户可以对视图进行编辑,如调整视图的位置、视图数量等。

**(1)视图对齐关系的设定与解除**

未对齐的视图可按参照视图进行对齐,对齐方式有原点水平对齐、原点竖直对齐、中心水平对齐、中心水平对齐等。先选择要对齐的视图,右键单击视图,从弹出的快捷菜单中选择"视图对齐",再选择对齐方式,如图6.27所示。然后选择参照视图,完成对齐。

已对齐的视图可按需要调整视图的位置,选择视图,右键单击视图,从弹出的快捷菜单中选择"视图对齐"→"解除视图关系"命令,解除视图的对齐关系,如图6.28所示。

图 6.27　快捷菜单的"视图对齐"选项

图 6.28　解除视图对齐关系

**（2）绘图视图的删除**

选取要删除的视图,该视图加亮显示,单击右键并从快捷菜单中选择"删除",或直接按键盘上的"Delete"键,此视图即被删除。

注意:如果选取的视图具有投影子视图,则投影子视图会与该视图一起被删除。

## 6.3　工程图的注解

以零件图为例,一张完整的工程图样,除了包含一组表达内外结构的视图外,还应包含完整的尺寸和技术要求(尺寸公差、形位公差、表面粗糙度以及其他用文字说明的技术要求)。生成工程图后,就要添加这些注解信息。SolidWorks 可添加多种注解,在工具栏中选择"注解"命令管理器,如图 6.29 所示。

图 6.29　"注解"命令管理器

### 6.3.1 尺寸的标注

工程图中的尺寸标注是与模型相关联的,修改模型时,工程图的尺寸会自动更新。

**(1)设定尺寸标注样式**

选定 GB 的工程图出图标准后,还可根据实际使用要求对工程图的尺寸样式进行调整。从菜单栏中选择"工具"→"选项"命令,弹出"选项"对话框,选择"文档属性"选项卡,再单击"尺寸"选项,如图 6.30 所示。可以修改的参数包括尺寸箭头、尺寸字体、尺寸界线等。

图 6.30 "文档属性—尺寸"对话框

**(2)通过"模型项目"标注尺寸**

工程图中包含模型的 2D 视图,指定的模型尺寸在所有工程视图中可以显示。步骤如下:

①转到"注解"命令管理器,单击"模型项目"按钮 ,弹出"模型项目"对话框,如图 6.31 所示。

②在"模型项目"对话框中设定选项。

③单击"确定"按钮。通过模型项目标注尺寸如图 6.32 所示。

图 6.31　"模型项目"对话框

图 6.32　模型项目标注尺寸

**（3）通过"智能尺寸"标注尺寸**

①转到"注解"命令管理器，单击"智能尺寸"按钮 ，弹出"智能尺寸"对话框，如图 6.33 所示。

②在工程视图中单击要标注尺寸的项目。

③单击以放置尺寸。标注方法和草绘中的"智能尺寸"相同。

**（4）标注尺寸公差**

步骤如下：

①单击选定尺寸，弹出"尺寸"对话框，如图 6.34 所示。

②在"尺寸"对话框中设置"公差"各种选项，如图 6.35 所示。其中设置的各种公差模式如图 6.36 所示。

图 6.33 "智能尺寸"对话框

图 6.34 "尺寸"对话框

图6.35 "公差模式"选项卡　　　　图6.36 各种模式的公差

### 6.3.2 形位公差的标注

形位公差包括形状公差和位置公差,下面分别介绍这两类公差的标注。

**(1)形状公差标注(以圆度公差为例)**

①转到"注解"命令管理器,单击"形位公差"按钮▣▣,或从菜单栏中选择"插入"→"注解"→"形位公差"命令,弹出"形位公差"对话框,如图6.37所示;同时在图纸区弹出形位公差的"属性"对话框,如图6.38所示。

图6.37 "形位公差"对话框　　　　图6.38 "属性"对话框

181

图 6.39　圆度公差

②在图 6.37 所示的"形位公差"对话框中选择引线形式，在图 6.38 所示的"属性"对话框中选择公差符号"〇"，输入公差值为"0.001"。

③在图纸区的合适位置放置符号，并单击"属性"对话框中"确定"按钮，完成形状公差的标注，如图 6.39 所示。

**（2）位置公差标注（以平行度公差为例）**

①建立基准。单击"注解"命令管理器中"基准特征"按钮，或从菜单栏中选择"插入"→"注解"→"基准特征符号"命令，打开"基准特征"对话框。

②在"基准特征"对话框中选择基准样式，如图 6.40 所示。

③在图纸区的合适位置放置符号，完成基准符号的设置，如图 6.41 所示。

图 6.40　"基准特征"对话框

图 6.41　基准显示

④在工具栏中单击"▣"按钮，打开"形位公差"对话框。

⑤在"属性"对话框中，公差符号选择"//"，输入公差值为"0.001"，输入公差基准代号为"A"。

⑥在图纸区的合适位置放置符号，并单击"属性"对话框中"确定"按钮，完成位置公差的标注，如图 6.42 所示。

### 6.3.3　表面粗糙度的标注

表面粗糙度度符号是用来表示零件表面粗糙程度的参数代号。标注表面粗糙度符号的过程如下：

①单击"注解"命令管理器中"表面粗糙度符号"按钮

图 6.42　平行度公差

✓,或从菜单栏中选择"插入"→"注解"→"表面粗糙度符号"命令,弹出"表面粗糙度符号"对话框。

②在"表面粗糙度符号"对话框中按如图6.43所示进行设置。

③在图纸区的合适位置放置符号,并单击对话框中的✓,完成表面粗糙度符号的标注,如图6.44所示。

图6.43 "表面粗糙度符号"对话框

图6.44 表面粗糙度符号的标注

# 6.4 综合实例

一幅完整工程图的创建可以分为如下步骤:

①设置工程图绘图环境。

②生成视图。

③添加中心线和中心符号线。

④添加尺寸标注。

⑤添加形位公差。

⑥添加表面粗糙度符号。

⑦添加文字注解。

图6.45所示的工程图采用第一视角,包括主视图、断面图和局部放大图,主视图采用局部剖和折断画法。

图 6.45　　工程图实例

### 6.4.1　设置工程图绘图环境

#### (1) 新建绘图文件

从菜单栏中选择"文件"→"新建"命令,弹出"新建"对话框,如图 6.46 所示。单击对话框中"高级"按钮,弹出"模板"对话框,如图 6.47 所示。选择 SolidWorks 自带的工程图模板,本例选取国标 A4 图纸格式。单击"确定"按钮,进入工程图设计界面。也可以新建完成以后再更改图纸格式。

#### (2) 设置绘图标准

从菜单栏中选择"工具"→"选项"命令,弹出"选项"对话框,选择"文档属性"选项卡,再单击"总绘图标准",选择"GB",如图 6.48 所示。然后单击"确定"按钮,关闭对话框。

图 6.46    "新建"对话框图

图 6.47    "模板"对话框

图 6.48 "文档属性"对话框

### 6.4.2 生成工程视图

#### (1)创建主视图

①单击"视图布局"命令管理器上的"模型视图"按钮 ⬚，在"要插入的零件/装配体"中单击"浏览"按钮，找到"主轴"文件。

②在"模型视图"对话框中，在"方向"栏中单击"前视"，在"显示样式"栏中选择"隐藏线可见"，如图 6.49 所示；然后在图纸区移动鼠标左键至合适位置，放置零件的主视图，如图6.50所示。单击 ✓，关闭对话框。

#### (2)创建断面图

①单击"视图布局"命令管理器上的"剖面视图"按钮 ⬚，弹出"剖面视图辅助"对话框，在对话框中选择剖面形式 剖面视图 和切割线形式 ⬚，即出现一个紫色的切割线，移动鼠标至合适位置时放置切割线，如图 6.51 所示。

图 6.49 "模型视图"对话框

图 6.50 模型视图

②绘图区出现切割线编辑弹出框后,从弹出框中单击✓,关闭对话框,如图 6.52 所示。

图 6.51 切割线

图 6.52 "切割线编辑"对话框

③在"剖面视图"对话框选择"横截剖面",如图 6.53 所示。

④拖动鼠标指针,在合适的位置单击,生成断面图,如图 6.54 所示。

⑤移动断面图的位置。选择断面图,单击右键,从弹出的快捷菜单中选择"视图对齐"→"解除视图关系"命令,解除视图的对齐关系,如图 6.55 所示。移动断面图至合适的位置,如图 6.56 所示。

**(3)创建局部放大图**

①单击主视图,转到"草图"命令管理器,在需要放大的地方用圆绘制一封闭的轮廓,确定放大区域,如图 6.57 所示。

图 6.53 "剖面视图"对话框

187

图 6.54　断面图

图 6.55　视图快捷菜单

②选中此封闭轮廓,单击"视图布局"命令管理器上的"局部视图"按钮 ,弹出"局部视图"对话框。在对话框中设置缩放比例为 2:1,如图 6.58 所示。

③在图上选取要放置局部视图的位置,局部视图将显示封闭轮廓范围内的父视图区域,如图 6.59 所示。

**(4)把主视图设置为局部剖视图**

①单击主视图,转到"草图"命令管理器,用样条曲线绘制一封闭的轮廓,确定剖切区域,如图 6.60 所示。

②选中此封闭轮廓,单击"视图布局"命令管理器上的"断开的剖视图"按钮 ,弹出"断开的剖视图"对话框,在对话框中输入剖切的深度值或选择一切割到的实体边线,如图 6.61 所示。

图 6.56　移动位置后的断面图

图 6.57　局部放大图的放大区域

图 6.58　"局部视图"对话框

图 6.59　局部放大图

③消除隐藏线,单击✓,关闭对话框。生成的局部剖视图如图 6.62 所示。

图 6.60 样条边界

图 6.61 选择一切割到的实体边线

**(5)把主视图设置为断裂视图**

①单击主视图,单击"视图布局"命令管理器上的"断裂视图"按钮 ,弹出"断裂视图"对话框。在对话框中设置折断缝隙大小和折断线样式,如图 6.63 所示。

图 6.62 局部剖视图    图 6.63 "断裂视图"对话框

②左右拖动鼠标指针,在合适的位置单击放置第一断裂线和第二断裂线,生成断裂视图,如图 6.64 所示。

### 6.4.3　添加中心线和中心符号

**（1）添加中心线**

①创建中心线。转到"注解"命令管理器，单击"中心线"按钮 ，依次选择主视图的上下两条边线，生成两边线的中心线，如图6.65所示。

②延伸中心线。在绘图区域单击选择中心线，则中心线变为蓝色，且中心线端部有一矩形方框，如图6.66所示。然后用鼠标左键拖动方框至一定位置，如图6.67所示。

图6.64　断裂视图

图6.65　显示中心线　　　　　　　　　　图6.66　选中的中心线

**（2）添加中心符号线**

转到"注解"命令管理器，单击"中心符号线"按钮 ，选择断面图中的圆，生成中心符号线，如图6.68所示。

图6.67　延伸中心线

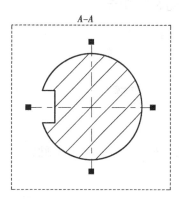

图6.68　中心符号线

### 6.4.4　添加尺寸标注

**（1）通过"智能尺寸"标注尺寸**

转到"注解"命令管理器，单击"智能尺寸"按钮 ，在工程视图中单击要标注尺寸的项目，再单击以放置尺寸。标注方法和草图绘制中的"智能尺寸"相同，如图6.69所示标注出尺寸。

图 6.69　标注尺寸

**（2）调整尺寸**

①修改尺寸值。以局部放大图的尺寸"2×1"为例,用鼠标左键选择尺寸"2",在如图6.70所示的"尺寸"对话框中,"覆盖数值"前框中输入"√","主要值"输入新的尺寸值"2×1",单击✓,视图如图6.71所示。

②修改尺寸文本。以主视图的尺寸"2×C2"为例,用鼠标左键选择尺寸"C2",在如图6.72所示的"尺寸"对话框的"标注尺寸文字"文本框中"<DIM>"前输入"2X",单击✓,视图如图6.73所示。

图 6.70　"尺寸"主要值对话框

图 6.71　尺寸值修改

图 6.72　"尺寸"标注尺寸文字对话框

图 6.73　尺寸文本修改

**(3)标注尺寸公差**

以标注主视图的尺寸φ26为例。用鼠标左键选择尺寸"φ26",在如图6.74所示的"尺寸"对话框中设置"公差"选项。在公差栏中,公差模式选择为"双边",上公差值设置为"-0.015",下公差值设置为"-0.020",小数位数设置为".123"。公差标注完后,如图6.75所示。

图6.74 "尺寸"公差对话框

图6.75 尺寸公差

### 6.4.5 添加形位公差标注

**(1)建立基准**

单击"注解"命令管理器中的"基准特征"按钮，弹出"基准特征"对话框。在"基准特征"对话框中"标号设定"编辑框中输入"A","引线"栏中选择"　"，如图6.76所示。在图纸区的合适位置放置符号,完成基准符号的设置,如图6.77所示。

图6.76 "基准特征"对话框

图6.77 添加基准符号

**(2)添加同轴度公差**

单击"注解"命令管理器中的　按钮,弹出"形位公差"对话框。在"属性"对话框中,公差符号选择"◎",输入公差值为"0.02",输入公差基准代号为"A"，如图6.78所示。在图纸区的合适位置放置符号,完成同轴度公差的标注,如图6.79所示。

图 6.78 "形位公差"对话框的"属性"选项

图 6.79 同轴度公差标注

### 6.4.6 添加表面粗糙度标注

①单击"注解"命令管理器中的"表面粗糙度符号"按钮√,或从菜单栏中选择"插入"→"注解"→"表面粗糙度符号"命令,弹出"表面粗糙度符号"对话框。

②在"表面粗糙度符号"对话框中按图 6.80 所示进行设置。

③在图纸区的合适位置放置符号,并单击对话框中的✓,完成表面粗糙度符号的标注,如图 6.81 所示。

### 6.4.7 添加注释

①单击"注解"命令管理器中的▲按钮,弹出"注释"对话框。

②在图纸区域拖动鼠标指针定义文本框,在文本框内输入技术要求,然后按鼠标中键结束文本的输入。

③在"格式化"工具栏中设置文字字体、字号等,如图 6.82 所示。

图 6.80 "表面粗糙度符号"对话框

图 6.81 表面粗糙度标注

图 6.82 "格式化"工具框

④添加的文字注释如图 6.83 所示。

图 6.83 添加注释

# 参考文献

［1］管巧娟. 构形基础与机械制图［M］. 北京:机械工业出版社,2015.

［2］管巧娟. 构形基础与机械制图习题集［M］. 北京:机械工业出版社,2015.

［3］管巧娟. AutoCAD 单项操作与综合实训［M］. 北京:机械工业出版社,2014.

［4］赵秋玲. SolidWorks2006 产品设计应用范例［M］. 北京:清华大学出版社,2006.

［5］江方记. AutoCAD 高级实训［M］. 重庆:重庆大学出版社,2006.

［6］郭晓霞. Pro/ENGINEER4.0 零件建模实例［M］. 西安:西安电子科技大学出版社,2011.

［7］蔡明京. SolidWorks 2014 从入门到精通［M］. 北京:机械工业出版社,2014.

［8］齐月静. SolidWorks 2006 中文版完全自学专家指导教程［M］. 北京:机械工业出版社,2006.

# 参考文献

[1] ...